单片机与基础应用

（第三版）

● 总主编　聂广林

● 主　编　辜小兵　韩光勇

● 副主编　尹金任

● 编　者　尹金任　刘恩飞
陈大鉴　辜小兵
韩光勇

重庆大学出版社

内容提要

本书以项目为载体从最基础的应用开始逐步提高,全书共分7个项目。其中,项目1介绍单片机基础知识;项目2至项目7介绍了各种外部设备控制方法。通过控制不同设备对单片机控制程序的编写和编程语言(C语言)进行讲解,真正实现让学生在做中学习、动中学习。

本书可作为中专学校自动控制、电气智能类专业的教材,也可作为职业培训的培训教材;同时它也是广大从事单片机技术有关人员的一本很好的自学教材。

图书在版编目(CIP)数据

单片机与基础应用/辜小兵,韩光勇主编.—重庆:重庆大学出版社,2010.9(2022.8重印)
(中等职业教育电类专业系列教材)
ISBN 978-7-5624-5373-4

Ⅰ.①单… Ⅱ.①辜…②韩… Ⅲ.①单片微型计算机—专业学校—教材 Ⅳ.①TP368.1

中国版本图书馆CIP数据核字(2010)第065727号

单片机与基础应用
(第三版)
总主编 聂广林
主 编 辜小兵 韩光勇
副主编 尹金任
责任编辑:曾显跃 刘 麦 版式设计:曾显跃
责任校对:贾 梅 责任印制:张 策
*
重庆大学出版社出版发行
出版人:饶帮华
社址:重庆市沙坪坝区大学城西路21号
邮编:401331
电话:(023) 88617190 88617185(中小学)
传真:(023) 88617186 88617166
网址:http://www.cqup.com.cn
邮箱:fxk@cqup.com.cn(营销中心)
全国新华书店经销
重庆市国丰印务有限责任公司印刷
*
开本:787mm×1092mm 1/16 印张:13.75 字数:343千
2019年1月第3版 2022年8月第9次印刷
ISBN 978-7-5624-5373-4 定价:39.80元

序　言

随着国家对中等职业教育的高度重视，社会各界对职业教育的高度关注和认可，近年来，我国中等职业教育进入了历史上最快、最好的发展时期，具体表现为：一是办学规模迅速扩大（标志性的）。2008年全国招生800余万人，在校生规模达2 000余万人，占高中阶段教育的比例约为50%，普、职比例基本平衡。二是中职教育的战略地位得到确立。教育部明确提出两点："大力发展职业教育作为教育工作的战略重点，大力发展职业教育作为教育事业的突破口"。这是对职教战线同志们的极大的鼓舞和鞭策。三是中职教育的办学指导思想得到确立。"以就业为导向，以全面素质为基础，以职业能力为本位"的办学指导思想已在职教界形成共识。四是助学体系已初步建立。国家投入巨资支持职教事业的发展，这是前所未有的，为中职教育的快速发展注入了强大的活力，使全国中等职业教育事业欣欣向荣、蒸蒸日上。

在这样的大好形势下，中职教育教学改革也在不断深化，在教育部2002年制定的《中等职业学校专业目录》和83个重点建设专业以及与之配套出版的1 000多种国家规划教材的基础上，新一轮课程教材及教学改革的序幕已拉开。2008年已对《中等职业学校专业目录》、文化基础课和主要大专业的专业基础课教学大纲进行了修订，且在全国各地征求意见（还未正式颁发），其他各项工作也正在有序推进。另一方面，在继承我国千千万万的职教人通过近30年的努力已初步形成的有中国特色的中职教育体系的前提下，虚心学习发达国家发展中职教育的经验已在职教界逐渐开展，德国的"双元”制和“行动导向”理论以及澳大利亚的“行业标准”理论已逐步渗透到我国中职教育的课程体系之中。在这样的大背景下，我们组织重庆市及周边省市部分长期从事中职教育教材研究及开发的专家、教学第一线中具有丰富教学及教材编写经验的教学骨干、学科带头人组成开发小组，编写这套既符合西部地区中职教育实际，又符合教育部新一轮中职教育课程教学改革精神；既坚持有中国特色的中职教育体系的优势，又与时俱进，极具鲜明时代特征的中等职业教育电类专业系列教材。

该套系列教材是我们从 2002 年开始陆续在重庆大学出版社出版的几本教材的基础上，采取“重编、改编、保留、新编”的八字原则，按照“基础平台 + 专门化方向”的要求，重新组织开发的，即

①对基础平台课程《电工基础》《电子技术基础》，由于使用时间较久，时代特征不够鲜明，加之内容偏深偏难，学生学习有困难，因此，对这两本教材进行重新编写。

②对《音响技术与设备》进行改编。

③对《电工技能与实训》《电子技能与实训》《电视机原理与电视分析》这三本教材，由于是近期才出版或新编的，具有较鲜明的职教特点和时代特色，因此对该三本教材进行保留。

④新编 14 本专门化方向的教材（见附表）。

对以上 20 本系列教材，各校可按照“基础平台+专门化方向”的要求，选取其中一个或几个专门化方向来构建本校的专业课程体系；也可根据本校的师资、设备和学生情况，在这 20 本教材中，采取搭积木的方式，任意选取几门课程来构建本校的专业课程体系。

本系列教材具备如下特点：

①编写过程中坚持“浅、用、新”的原则，充分考虑西部地区中职学生的实际和接受能力；充分考虑本专业理论性强、学习难度大、知识更新速度快的特点；充分考虑西部地区中职学校的办学条件，特别是实习设备较差的特点；一切从实际出发，考虑学习时间的有限性、学习能力的有限性、教学条件的有限性，使开发的新教材具有实用性，为学生终身学习打好基础。

②坚持“以就业为导向，以全面素质为基础，以职业能力为本位”的中职教育指导思想，克服顾此失彼的思想倾向，培养中职学生科学合理的能力结构，即“良好的职业道德、一定的职业技能、必要的文化基础”，为学生的终身就业和较强的转岗能力打好基础。

③坚持“继承与创新”的原则。我国中职教育课程以传统的“学科体系”课程为主，它的优点是循序渐进、系统性强、逻辑严谨，强调理论指导实践，符合学生的认识规律；缺点是与生产、生活实际联系不太紧密，学生学习比较枯燥，影响学习积极性。而德国的中职教育课程以行动体系课程为主，它的优点是紧密联系生产生活实际，以职业岗位需求为导向，学以致用，强调在行业行动中补充、总结出必要的理论；缺点是脱离学科自身知识内在的组织性，知识离散，缺乏系统性。我们认为：根据我国的国情，不能把“学科体系”和“行动体系”课程对立起来、相互排斥，而是一种各具特色、相互

补充的关系。所谓继承，是根据专业及课程特点，对逻辑性、理论性强的课程，采用传统的“学科体系”模式编写，并且采用经过近30年实践认为是比较成功的“双轨制”方式；所谓创新，是对理论性要求不高而应用性和操作性强的专门化课程，采用行为导向、任务驱动的“行动体系”模式编写，并且采用“单轨制”方式。即采取“学科体系”与“行动体系”相结合，“双轨制”与“单轨制”并存的方式。我们认为这是一种务实的与时俱进的态度，也符合我国中职教育的实际。

④在内容的选取方面下了功夫，把岗位需要而中职学生又能学懂的重要内容选进教材，把理论偏深而职业岗位上没有用处（或用处不大）的内容删除，在一定程度上打破了学科结构和知识系统性的束缚。

⑤在内容呈现上，尽量用图形（漫画、情景图、实物图、原理图）和表格进行展现，配以简洁明了的文字注释，做到图文并茂、脉络清晰、语句流畅，增强教材的趣味性和启发性，使学生愿读、易懂。

⑥每一个知识点，充分挖掘了它的应用领域，做到理论联系实际，激发学生的学习兴趣和求知欲。

⑦教材内容做到了最大限度地与国家职业技能鉴定的要求相衔接。

⑧考虑教材使用的弹性。本套教材采用模块结构，由基础模块和选学模块构成，基础模块是各专门化方向必修的基础性教学内容和应达到的基本要求，选学模块是适应专门化方向学习需要和满足学生进修发展及继续学习的选修内容，在教材中打“※”的内容为选学模块。

该系列教材的开发是在国家新一轮课程改革的大框架下进行的，在较大范围内征求了同行们的意见，力争编写出一套适应发展的好教材，但毕竟我们能力有限，欢迎同行们在使用中提出宝贵意见。

总主编　聂广林

2010年6月

附表：

中职电类专业系列教材

	方　向	课程名称	主　编	模　式
基础平台课程	公　用	电工技术基础与技能	聂广林　赵争台	学科体系、双轨
		电子技术基础与技能	赵争台	学科体系、双轨
		电工技能与实训	聂广林	学科体系、双轨
		电子技能与实训	聂广林	学科体系、双轨
		应用数学		
专门化方向课程	音视频专门化方向	音响技术与设备	聂广林	行动体系、单轨
		电视机原理与电路分析	赵争台	学科体系、双轨
		电视机安装与维修实训	戴天柱	学科体系、双轨
		单片机原理及应用		行动体系、单轨
	日用电器方向	电动电热器具(含单相电动机)	毛国勇	行动体系、单轨
		制冷技术基础与技能	辜小兵	行动体系、单轨
		单片机原理及应用		行动体系、单轨
	电气自动化方向	可编程控制原理与应用	刘　兵	行动体系、单轨
		传感器技术及应用	卜静秀　高锡林	行动体系、单轨
		电动机控制与变频技术	周　彬	行动体系、单轨
	楼宇智能化方向	可编程逻辑控制器及应用	刘　兵	行动体系、单轨
		电梯运行与控制		行动体系、单轨
		监控系统		行动体系、单轨
	电子产品生产方向	电子 CAD	彭贞蓉　李宏伟	行动体系、单轨
		电子产品装配与检验		行动体系、单轨
		电子产品市场营销		行动体系、单轨
		机械常识与钳工技能	胡　胜	行动体系、单轨

职业技术教育有别于普通教育,在于专业技能的实践性和专业技能转变为职业能力的可持续性。国家十分重视职业教育,选派了一批又一批中职骨干教师到德国学习,又引进澳大利亚先进教学理念,实施中澳职业教育合作项目。无论是德国也好,还是澳大利亚也好,他们的教学精髓都是:以能力为本位,学生在做中学习,教师在做中教。本书在习近平新时代中国特色社会主义思想指导下,落实"新工科"建设新要求,紧紧围绕这一主题将单片机控制与编程方法,分成7个项目和27个任务,包括认识单片机、灯光控制、按键控制、数码管显示控制、继电器控制、步进电机控制、汉字点阵显示。

本教材的特色:教材打破传统的知识体系,理论知识和实际操作合二为一,将做放在第一位,先做再学,尽量让学生在做中学习,在做中发现规律,获取知识。教师在做中教,在操作过程中插入相关的理论知识。尽量体现知识技能生活化、生活岗位化、岗位问题化、问题教学化、教学任务化、任务行业标准化。具体表现在以下几个方面:

①任务中的作业过程,通过实际操作,然后拍摄而成。图片真实,步骤清晰,言简意赅,操作性强,特别适合中职学生使用。

②用做一做来训练学生综合知识技能的能力;用想一想来搭建师生互动平台;用评一评来评价学生知识技能掌握情况;用自我测评来增强学生的自信心,感悟学习的快乐。

③采用了新的课程编排体系,遵守中职学生的认知规律,结合教师上课的实际情况。力求学生容易掌握技能,教师方便教学。

④本书素材来源于生产和维修第一线,体现了教材的科学性、先进性。内容贴近生活,贴近岗位,实用性强。

全书参考学时为126学时。如果分散排课,建议每周6学时;如果集中排课建议用3周时间。

本书由重庆工商学校辜小兵、韩光勇任主编,尹金任副主编。其中项目1和项目5由韩光勇编写;项目2由刘恩飞编写;项目3和项目6由陈大鉴编写;项目4和项目7由尹金编写。

本书在编写过程中得到重庆市教科院向才毅、肖敏等领导的大力支持,同时得到重庆工商学校杨宗武、蒲滨海等领导和重庆佳佰科技的鼎力相助,在此表示诚挚的谢意。限于编者水平,书中错漏之处在所难免,恳求读者批评指正。

编　者
2018 年 12 月

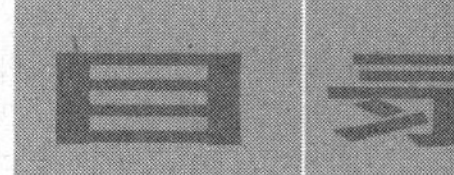

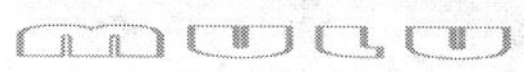

项目1 认识单片机

情景创设

目前单片机渗透到我们生活的各个领域，几乎很难找到哪个领域没有单片机的踪迹，如图1-1所示。

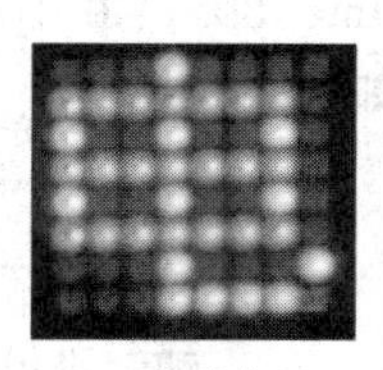
(a)广告灯

(b)数字日历

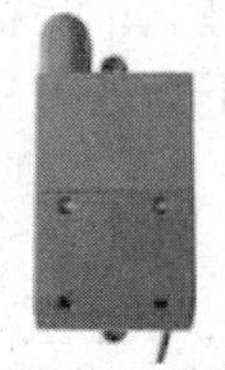
(c)识读检测仪器

图1-1 单片机效果图

那么什么是单片机？单片机是怎样实现图1-1所示功能的？就让我们来一起认识单片机吧！

知识目标

知道单片机的外形。

知道单片机引脚的分布。

熟悉单片机的软件。

能力目标

会识别单片机。

会区分单片机的各引脚功能。

会软件的基本操作。

任务1　初识单片机

一、任务引入

要想学会单片机，那么对它的外形、引脚分布、引脚功能和实际电路连接都需要大家掌握。单片机种类很多，我们以常用的 Intel 8051 40 引脚系列的单片机为例进行学习。下面通过一个控制电路来掌握它们，如图 1-2 所示。

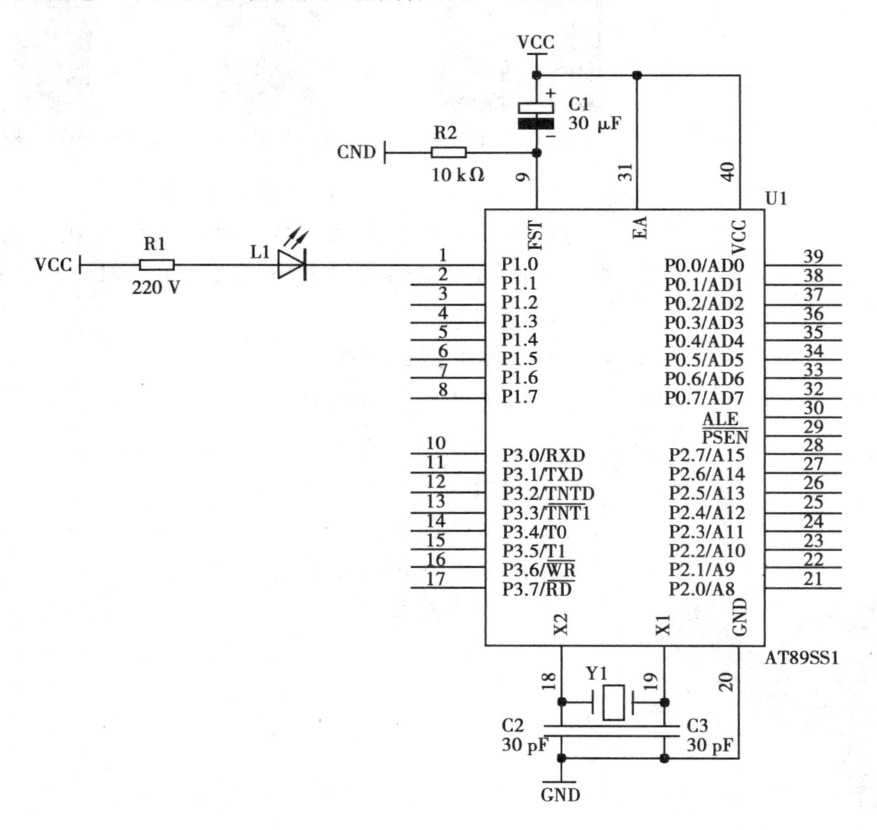

图 1-2　单片机控制图

二、任务要求

(1)会区分不同单片机芯片。

(2)能快速找出芯片引脚。
(3)会画简单的控制原理图。

三、准备工作

(1)器材准备:芯片 AT89S52 系列单片机 2 块。
(2)工具准备:白色 A4 纸一张、作图工具一套、笔一支。

四、作业流程图

完成上述任务需要按图 1-3 所示流程进行。

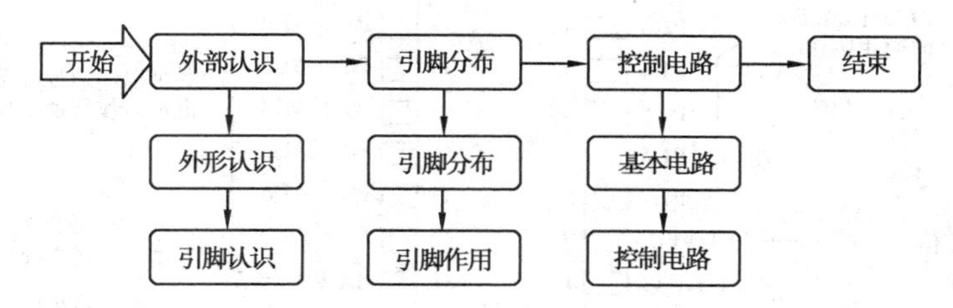

图 1-3　任务作业流程图

五、作业过程

1. 外部了解

让两块芯片放成如图 1-4 所示。

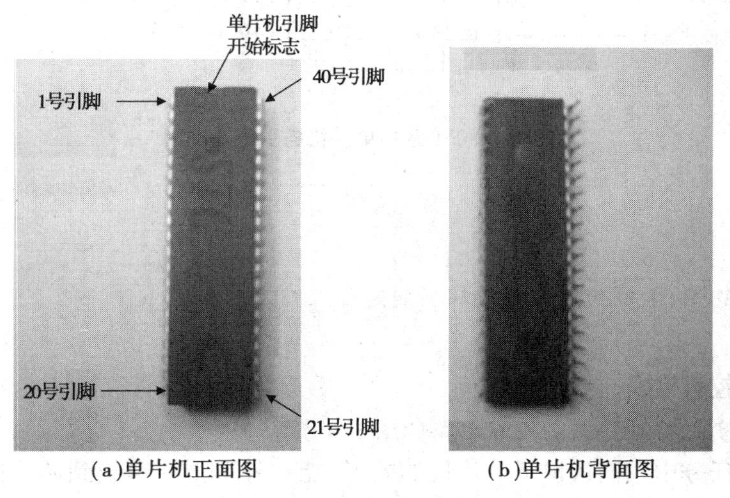

(a)单片机正面图　(b)单片机背面图

图 1-4　40 引脚单片机实物图

你能在单片机背面熟练找出它的引脚吗?

2. 引脚分布及作用

单片机引脚分布如图 1-5 所示。

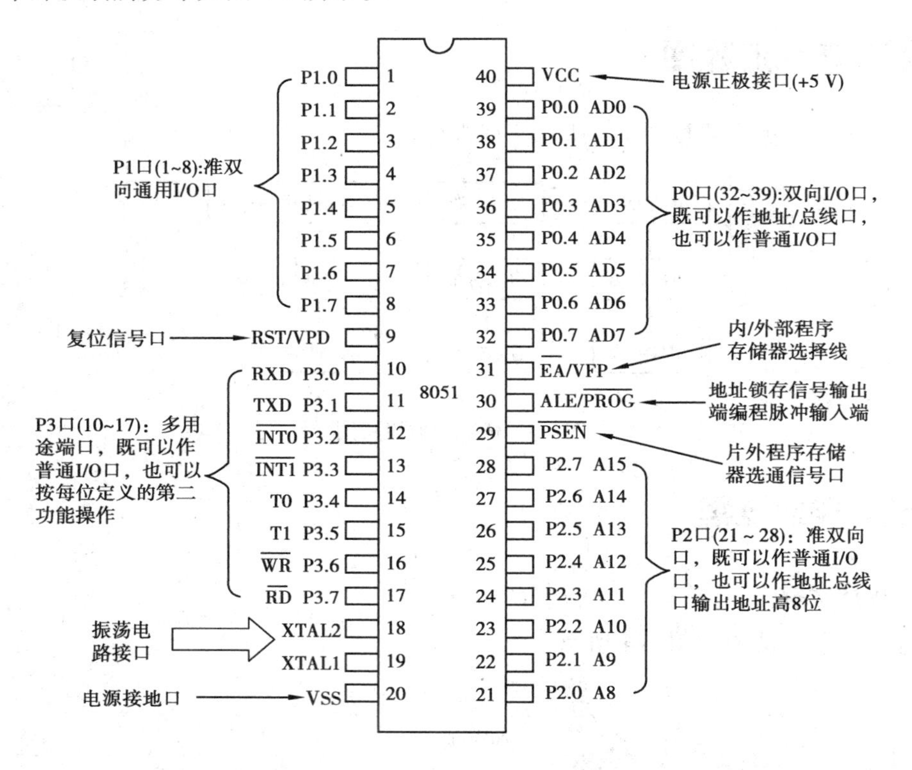

图 1-5 8051 系列单片机各引脚功能图

MCS-51 单片机各引脚的功能是什么?

3. 实际控制电路

单片机实际控制二极管发光电路如图 1-6 所示。

在这个任务中我们认识了单片机的外形,能在外形上快速找到芯片的引脚,更知道了单片机的引脚分布及其各个引脚的作用和功能。最后我们还绘制了一个简单的单片机控制一个发光二极管的电路图,从中也知道了单片机的控制原理。

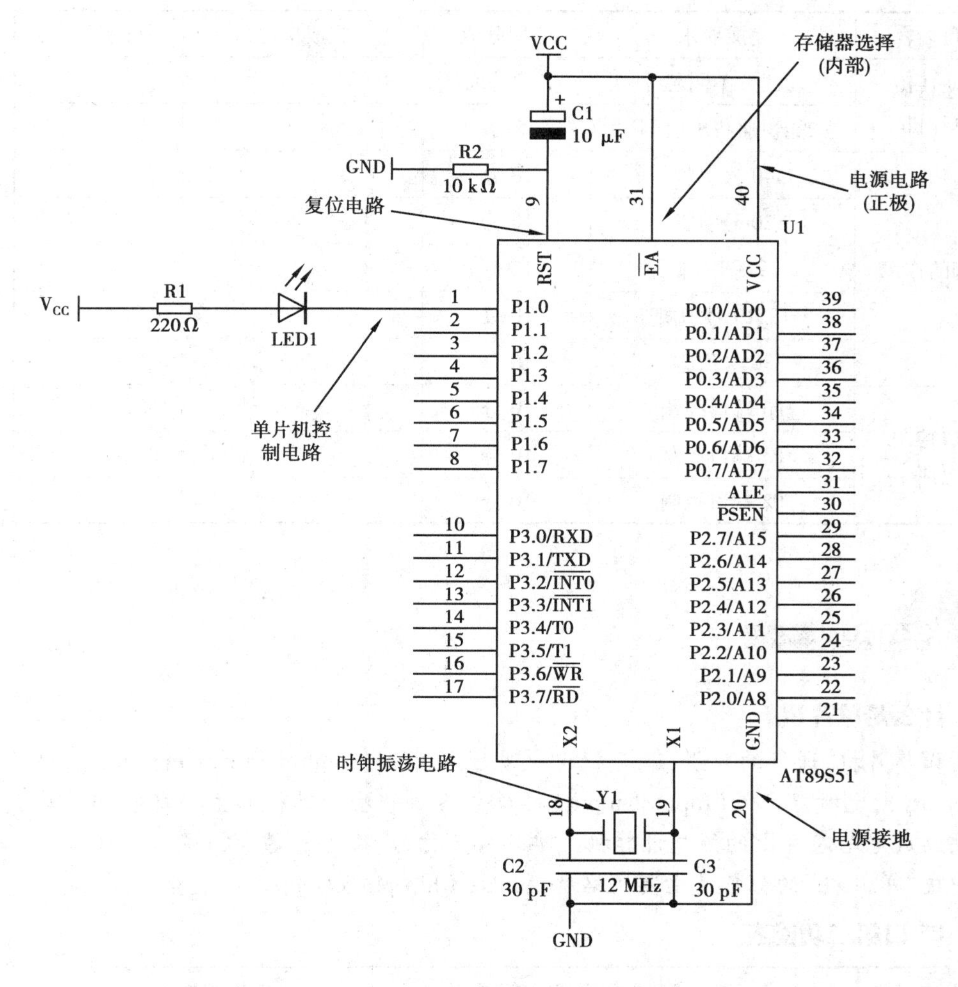

图 1-6　单片机实际控制二极管电路连接图

要在 P2 的 3 号口上接发光二极管应怎么接?

画出 P1 的 1 ~5 端口都接上发光二极管的电路图。

自评

项目内容	完成要求	分配分值	完成情况	自评分值
快速认识单片机	能区分不同芯片	5 分		
	能快速找出引脚	5 分		
各脚的作用	40 号引脚	10 分		
	20 号引脚	10 分		
	9 号引脚	10 分		
	18、19 号引脚	10 分		
	30 号引脚	10 分		
端口控制电路	P0 端口控制	10 分		
	P3 端口控制	10 分		
	P2 端口控制	10 分		

1. 什么是单片机

所谓单片机，通俗的来讲，就是把中央处理器 CPU(Central Processing Unit)，存储器(memory)，定时器，I/O(Input/Output)接口电路等一些计算机的主要功能部件集成在一块集成电路芯片上的微型计算机。单片机又称为“微控制器 MCU”。

中文“单片机”的称呼是由英文名称“Single Chip Microcomputer”直接翻译而来的。

2. P3 口第二功能表

端口	特殊功能	信号名称
P3.0	RXD	串行输入口
P3.1	TXD	串行输出口
P3.2	INT0	外部中断 0 输入口
P3.3	INT1	外部中断 1 输入口
P3.4	T0	定时器 0 外部输入口
P3.5	T1	定时器 1 外部输入口
P3.6	WR	写选通输出口
P3.7	RD	读选通输出口

3. 单片机控制原理

单片机的控制是依靠程序,并且可以修改程序来实现不同的控制。它利用程序改变单片机的各个端口的电平。当为低电平时电路因电平相差使其电路中有电流流过从而启动电路中的设备使其工作;高电平时电路应电平一致而无电流使电路不通,实现断开。

任务2 keil C 软件安装与使用

一、任务引入

在上一个任务中我们认识了单片机,掌握了单片机的引脚分布及其作用。而且也会简单控制原理图的连接和绘画。然而仅仅这样是不够的,我们只是有了电路但是还没有实现对电路的控制,要实现对电路的控制,那编写控制程序是很重要的。下面就来看看程序是怎样写的以及怎样进入单片机进行控制的。

二、任务要求

(1)会按要求安装软件。
(2)能快速进行软件启动。
(3)会正确使用编程软件。

三、准备工作

(1)器材准备:计算机一台(奔腾级以上的家用计算机即可)。
(2)工具准备:Keil C8.05 软件安装光盘一张。

四、作业流程图

要完成以上任务,需按如图 1-7 所示流程进行。

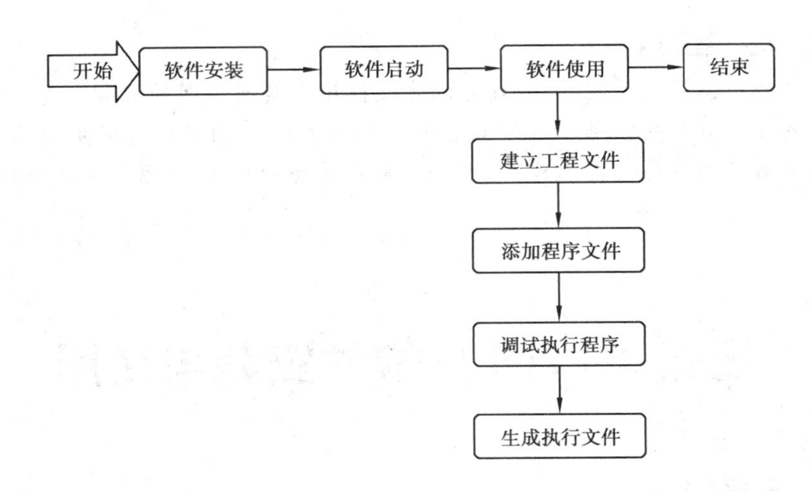

图 1-7　作业流程图

五、作业过程

1. 软件安装

单片机的编程软件很多,这里就以常用的软件为例。Keil C51 软件是众多单片机应用开发的优秀软件之一,它集编辑、编译、仿真于一体,支持汇编、PLM 语言和 C 语言的程序设计,界面友好,易学易用。

启动安装桌面如图 1-8 所示。

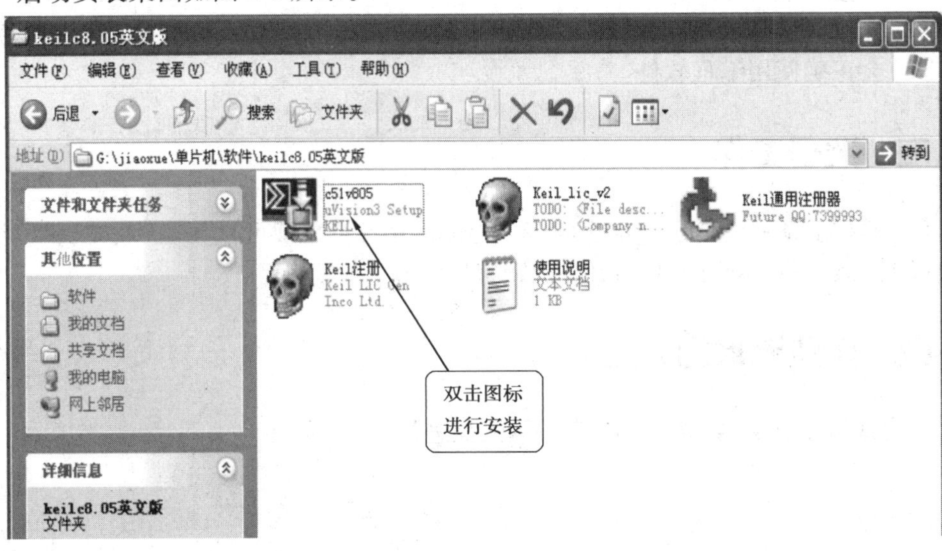

图 1-8　启动安装桌面图

(1)启动安装后,屏幕如图1-9所示。

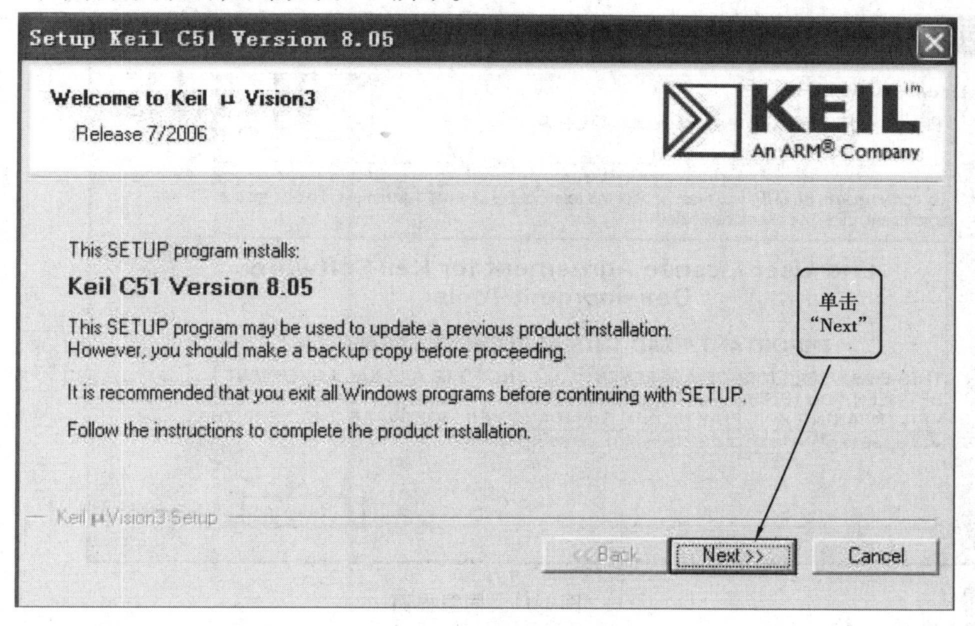

图1-9　进入安装的界面

(2)进入下一步,如图1-10所示。

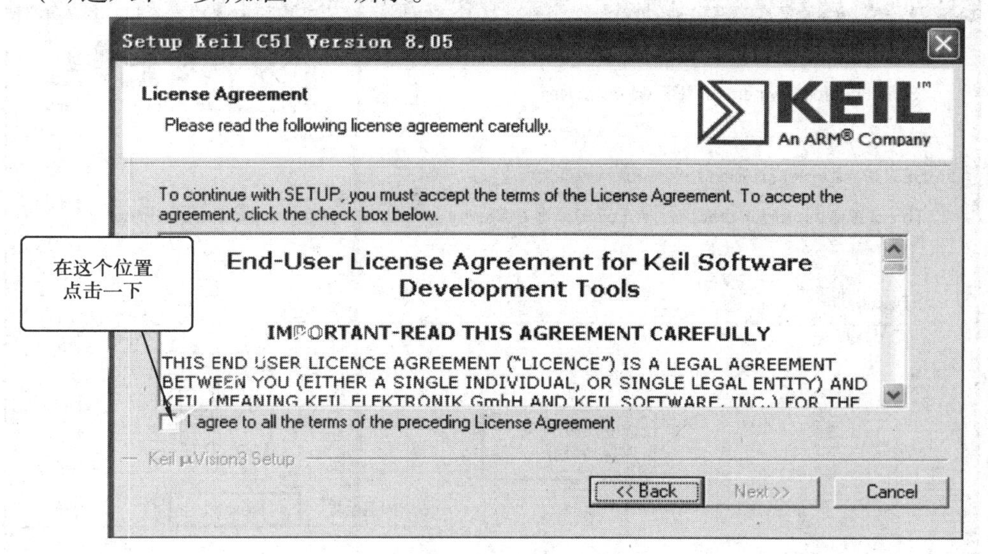

图1-10　许可选择界面

(3)实现如图 1-11 所示界面。

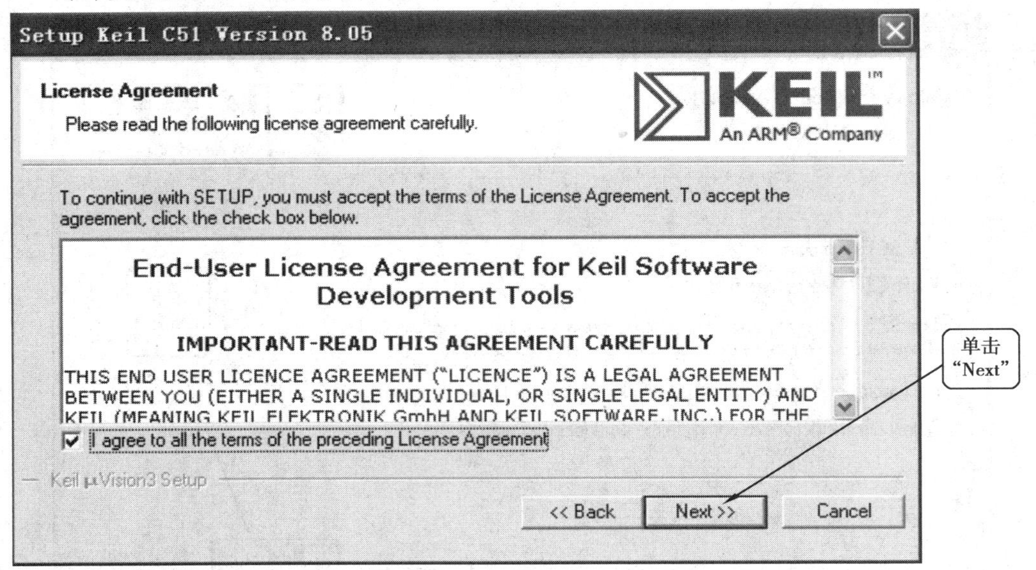

图 1-11　同意界面

(4)单击"Next",进入下一步,如图 1-12 所示。

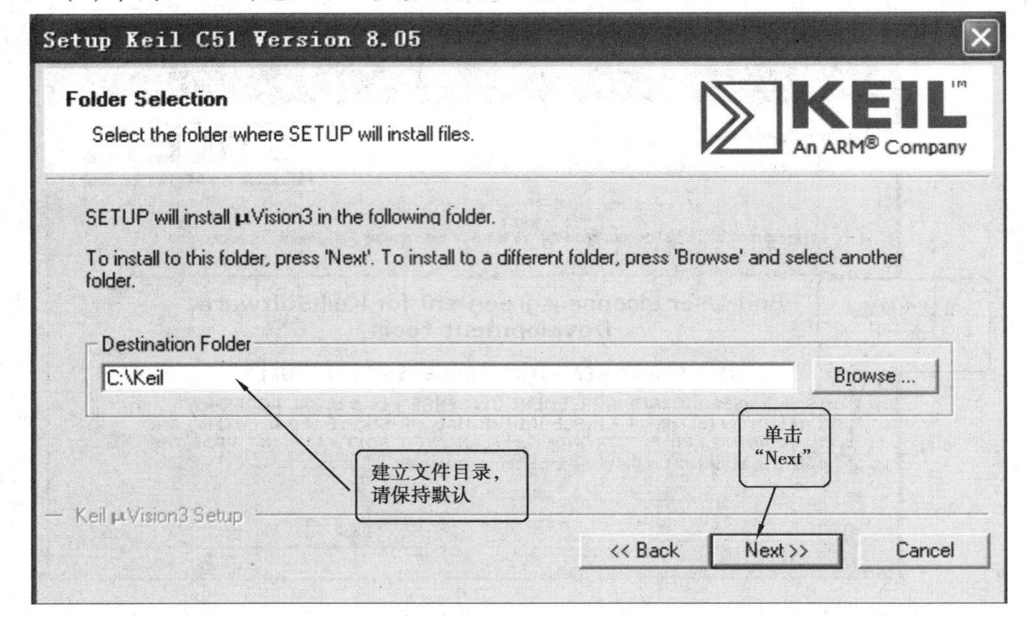

图 1-12　目录选择界面

(5)单击“Next”,进入下一步,如图 1-13 所示。

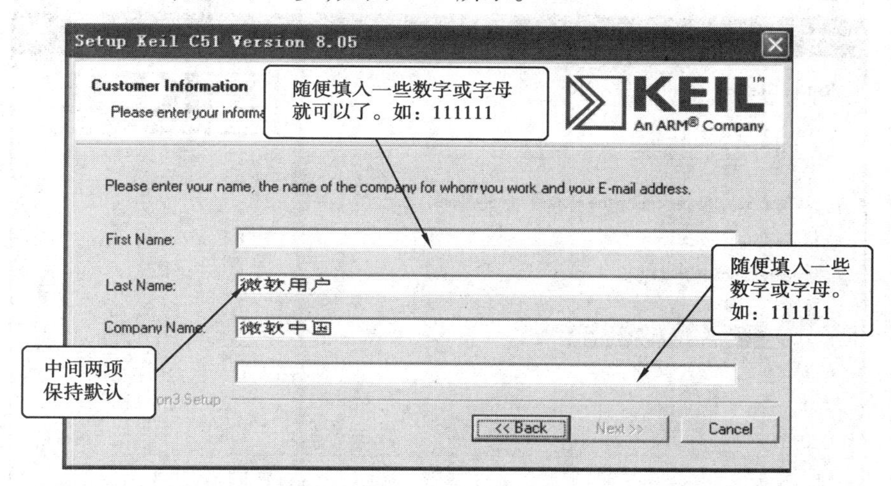

图 1-13　用户资料填写界面

(6)都填写好了后就会出现图 1-14 所示界面。

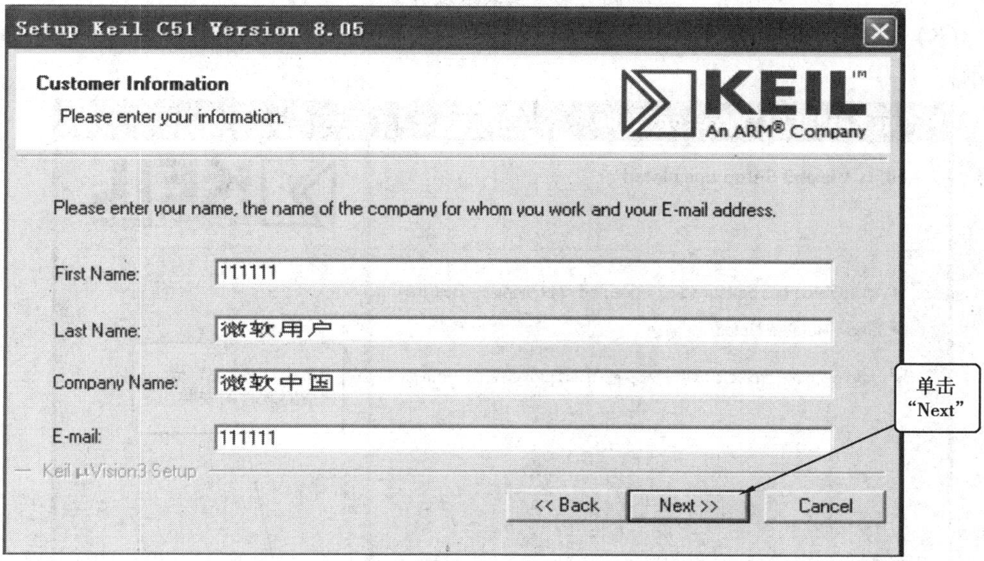

图 1-14　用户填写完成界面

(7)进入下一步,进行程序自动安装,如图 1-15 所示。

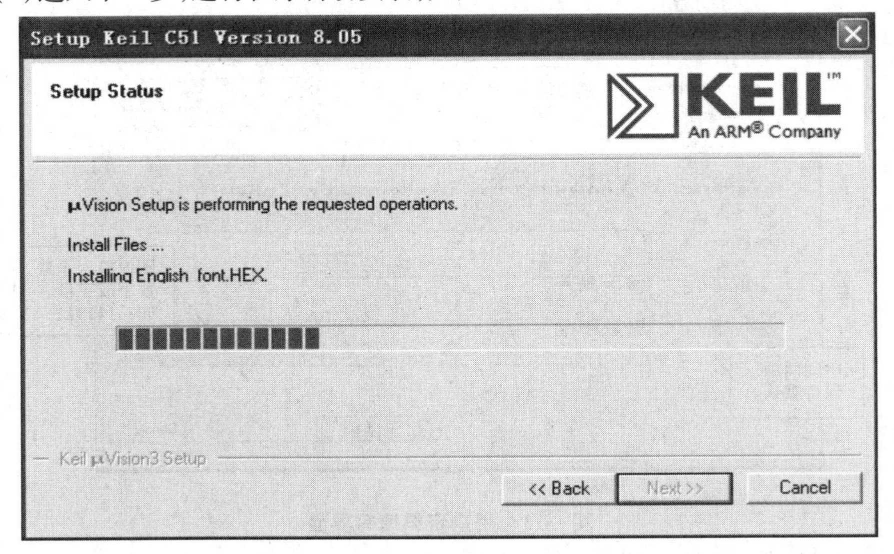

图 1-15　安装进度界面

(8)安装程序开始对软件进行安装,等待几秒钟后出现完成界面,如图 1-16 所示。

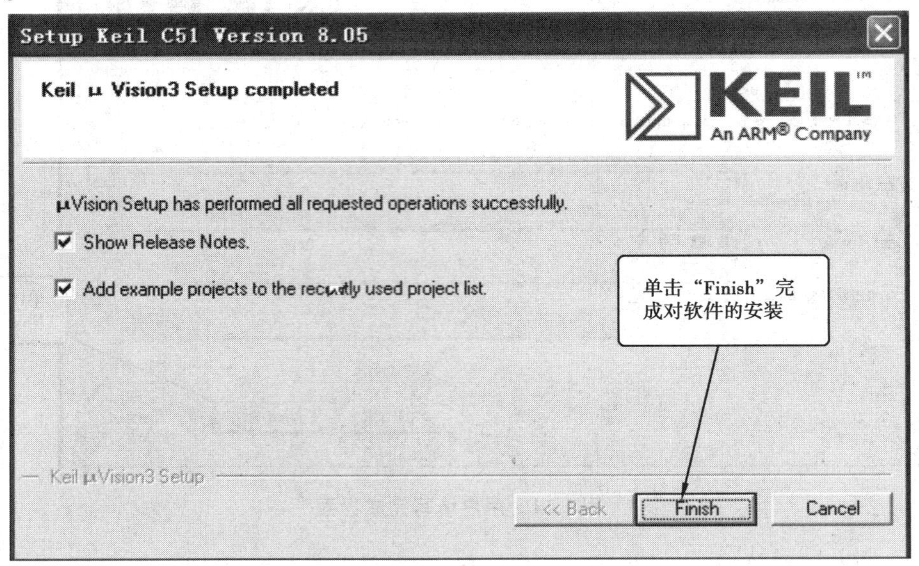

图 1-16　安装完成界面

改变安装目录应该在哪里修改呢?

2. 启动软件

下面介绍 Keil C51 软件的启动方法。启动图标在电脑桌面上如图 1-17 所示。

图 1-17 软件启动桌面

进入 Keil C51 后,启动屏幕如图 1-18 所示。

图 1-18 启动 Keil C51 时的屏幕

过几秒钟后出现操作界面,如图 1-19 所示。

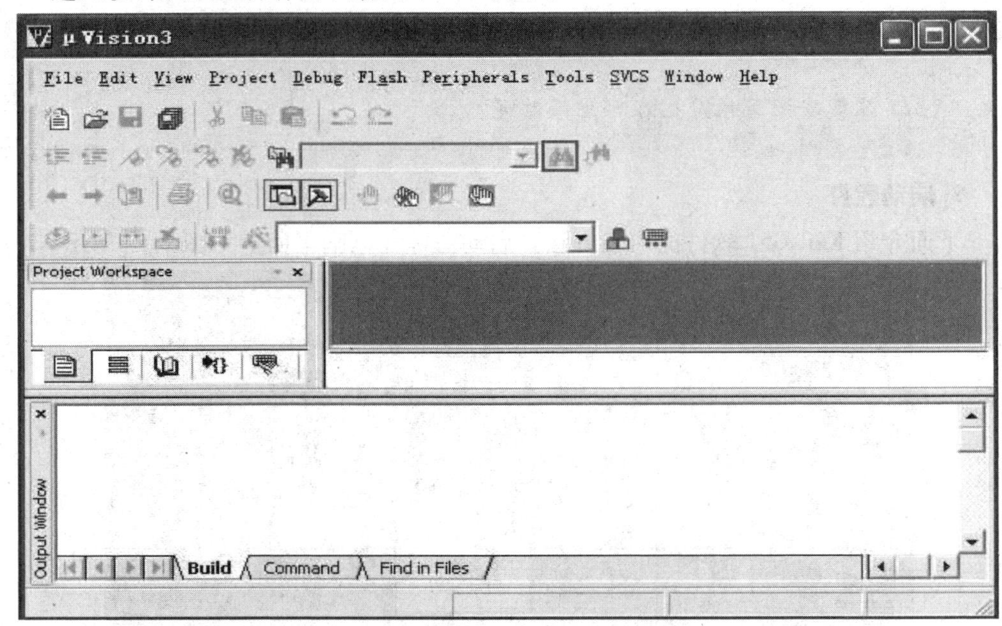

图 1-19　进入 Keil C51 后的编辑界面

思考一下还有其他的启动方法吗?

3. 软件使用与简单程序的调试

学习程序设计语言、学习某种程序软件,最好的方法是直接操作实践。下面通过简单的编程、调试,引导大家学习 Keil C51 软件的基本使用方法和基本的调试技巧。

(1)建立一个新工程。

①单击"Project"菜单,在弹出的下拉菜单中选中"New Project"选项,如图 1-20 所示。

②弹出工程保存对话框,如图 1-21 所示。

③点击下拉控件,显示如图 1-22 所示。

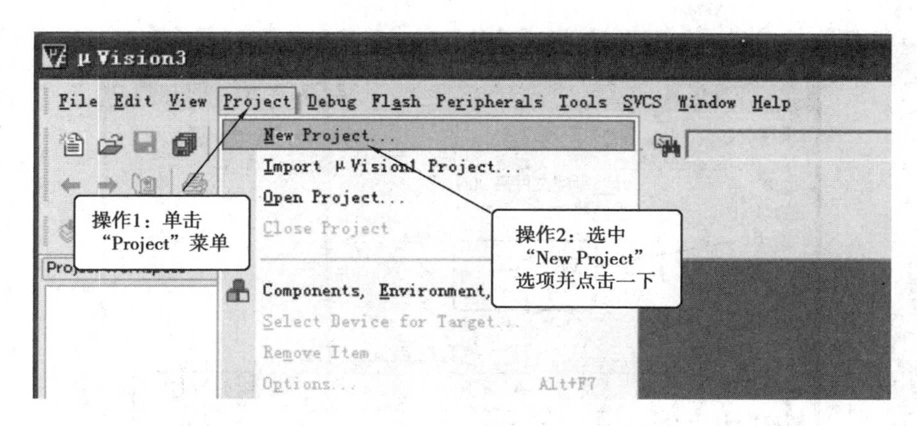

图 1-20　软件工程建设界面

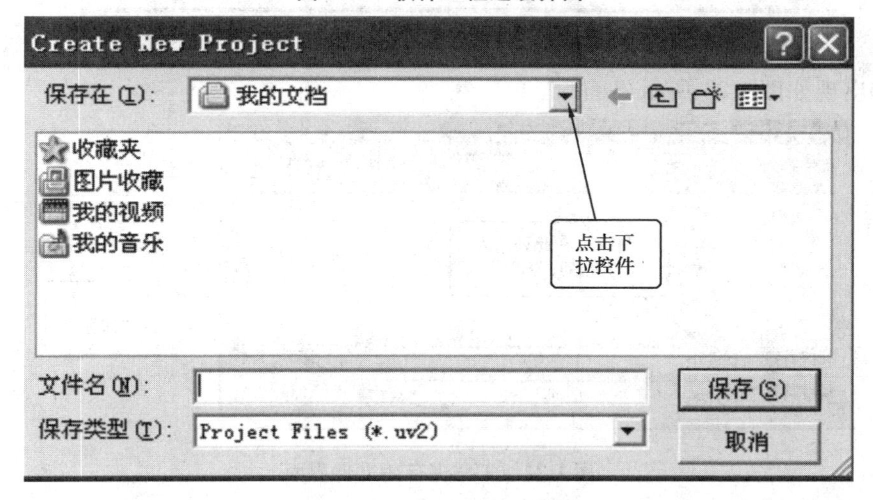

图 1-21　工程保存选择界面

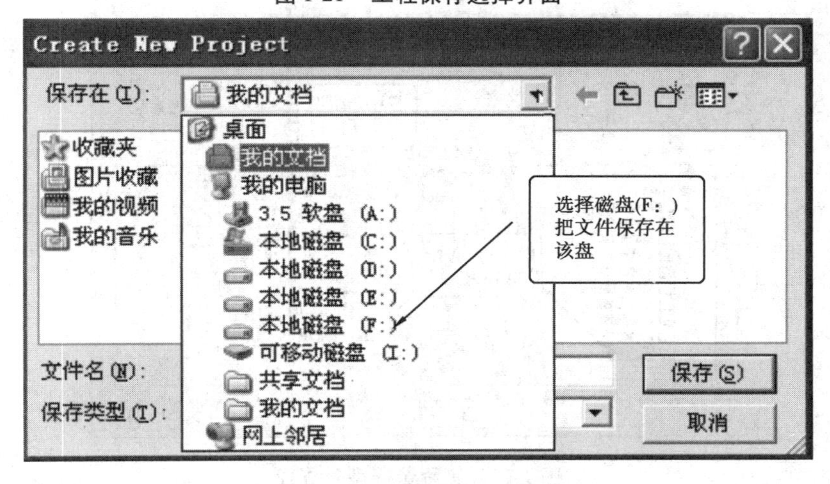

图 1-22　工程保存目标盘选择界面

④选择成功后弹出如图 1-23 所示界面。

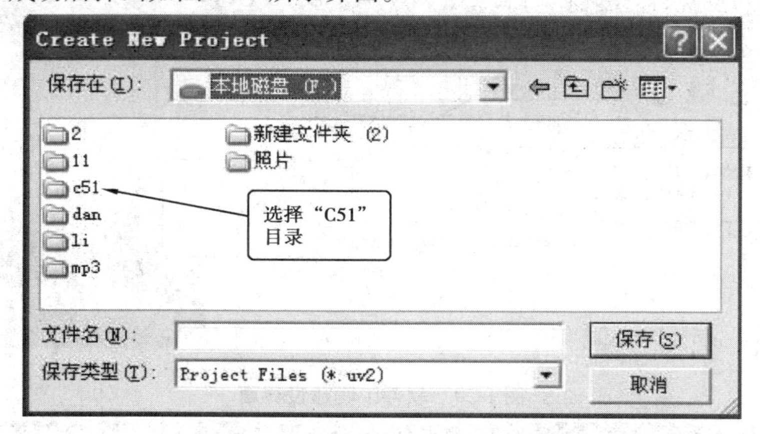

图 1-23 工程保存文件界面

⑤出现如图 1-24 所示界面。

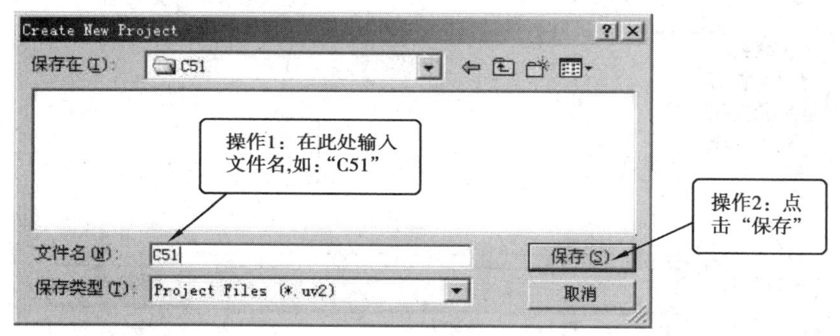

图 1-24 工程保存为文件界面

⑥这时会弹出一个对话框,如图 1-25 所示。

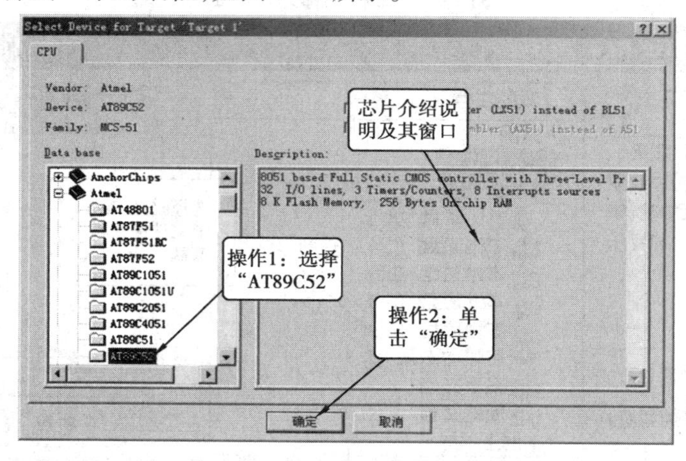

图 1-25 工程选择型号界面

⑦完成上一步骤后,屏幕如图 1-26 所示。

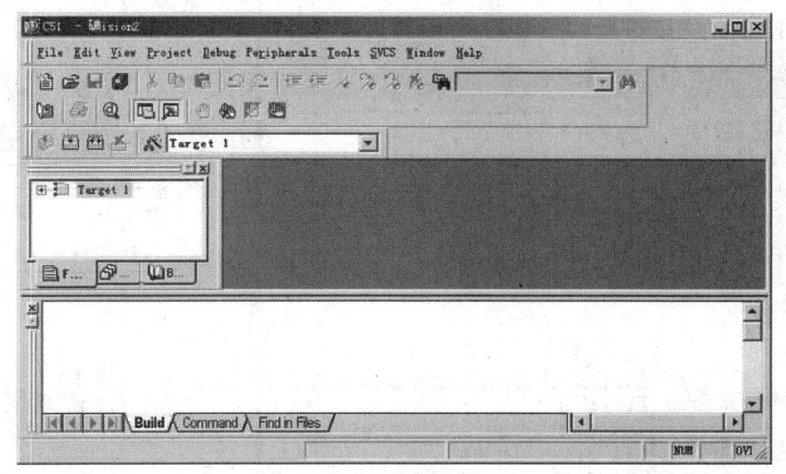

图 1-26　工程建立完成后界面

到现在为止,我们还没有编写一句程序,下面开始编写我们的第一个程序。

(2)在图 1-27 中,单击“File”菜单,再在下拉菜单中单击“New”选项,如图 1-27 所示。

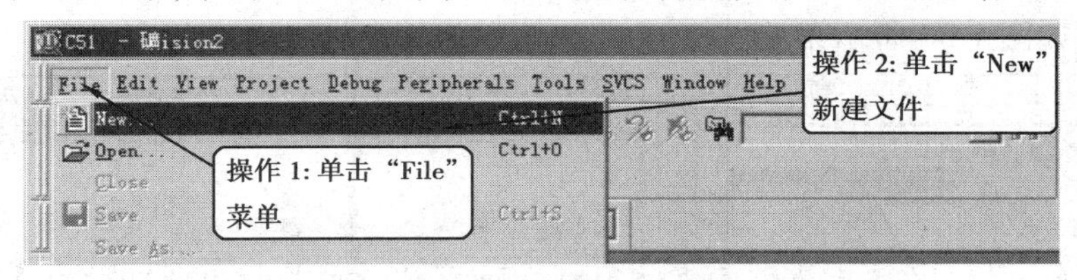

图 1-27　新建文件界面

①操作后屏幕如图 1-28 所示。

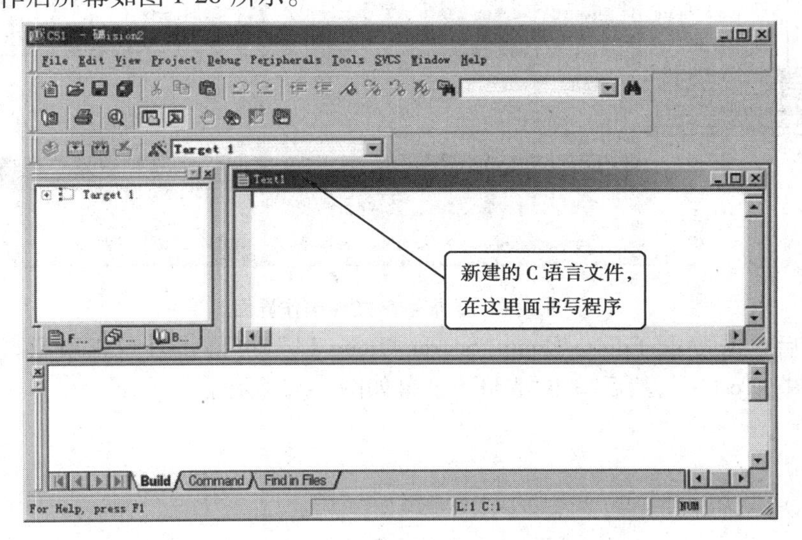

图 1-28　程序输入界面

此时光标在编辑窗口里闪烁,这时可以键入用户的应用程序了。

②单击"保存"按钮后如图 1-29 所示界面。

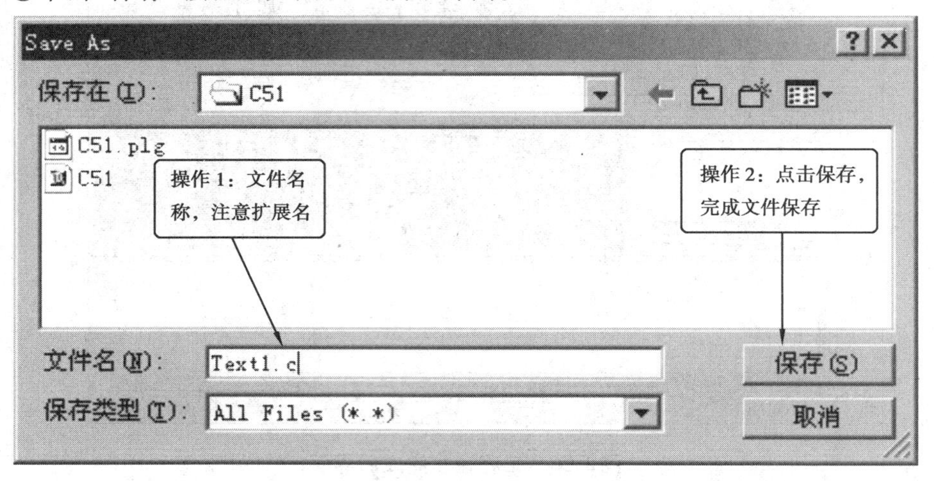

图 1-29　保存文件界面

③回到编辑界面后,单击"Target1"前面的"+"号,然后在"Source Group 1"上单击右键,弹出如图 1-30 所示菜单。

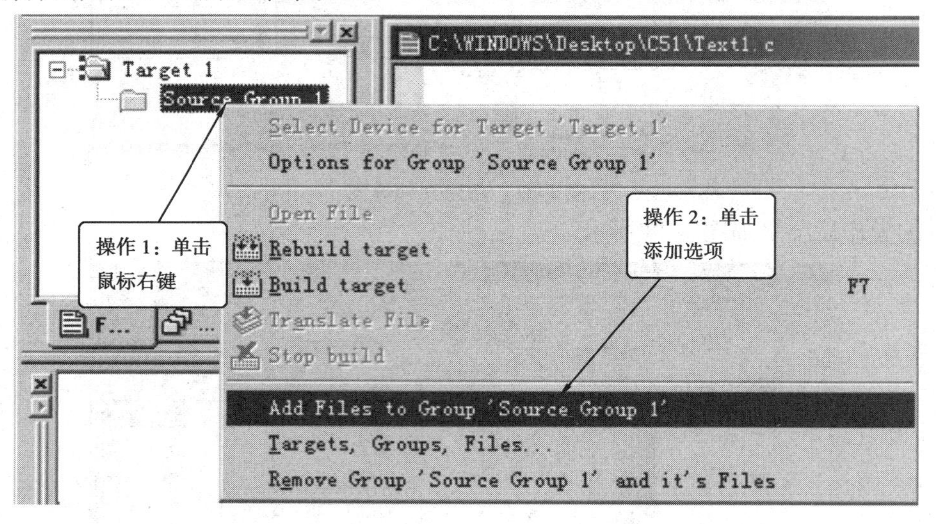

图 1-30　添加程序文件操作界面

④然后单击"Add File to Group'Source Group 1'",屏幕如图 1-31 所示。

⑤选中"Test.c",然后单击"Add",屏幕如图 1-32 所示。

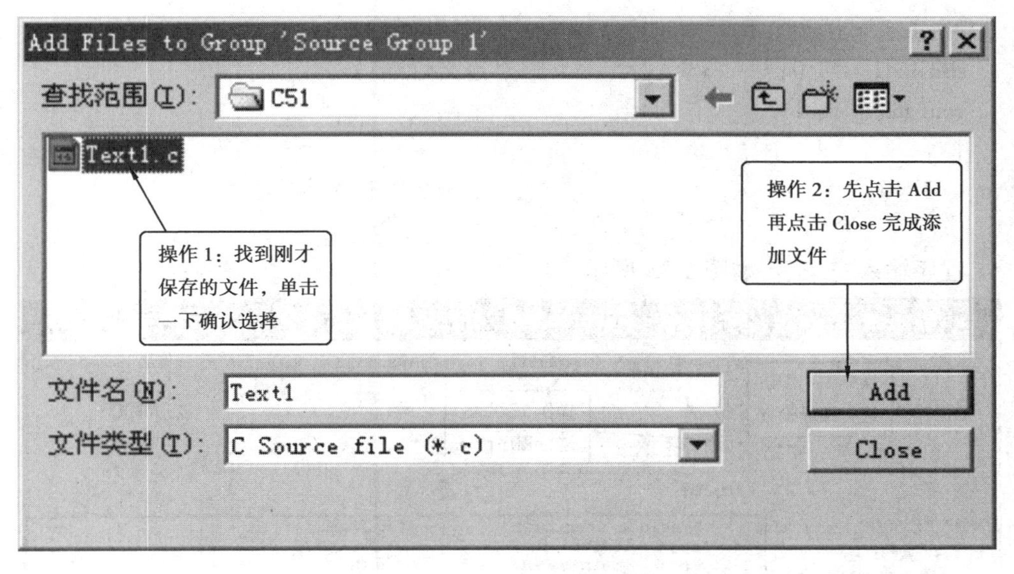

图 1-31 程序文件选择界面

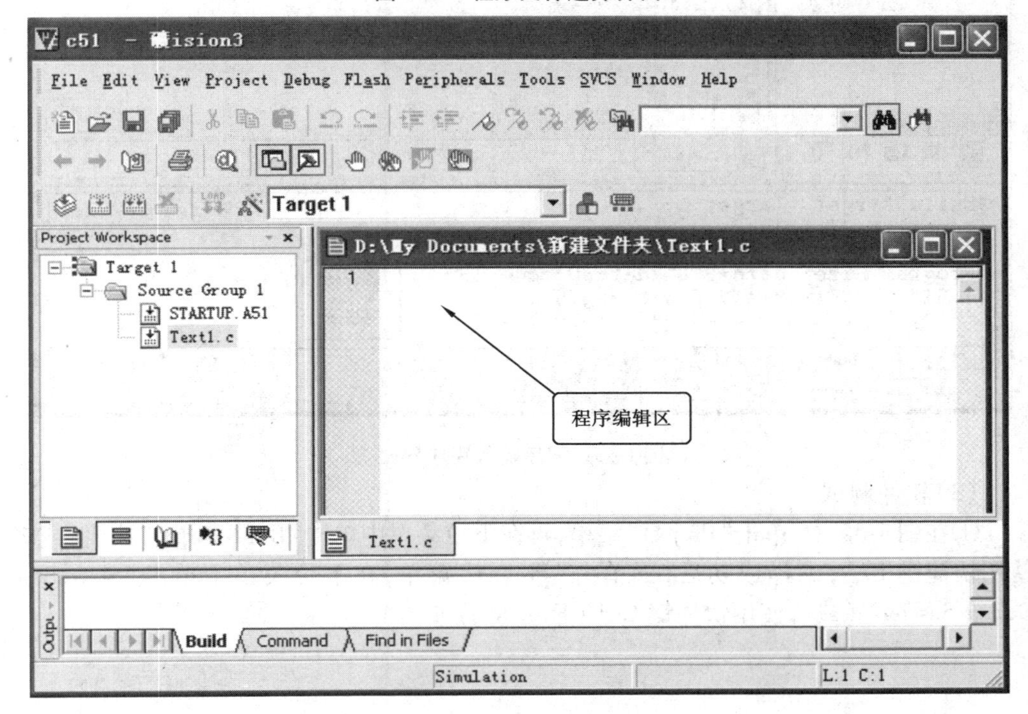

图 1-32 完成添加后的界面

注意到“Source Group 1”文件夹中多了一个子项“Text1.c”了吗？子项的多少与所增加的源程序的多少相同。

⑥现在，请在“Text1.c”中输入如下的 C 语言源程序：

```
#include <regx51.h>                    //调用函数
sbit led1 = P1^0;                      //定义灯端口
void main(void)                        //主函数
{
led1 =0;                               //主函数体程序内容
}
```

程序输入完毕后,如图 1-33 所示。

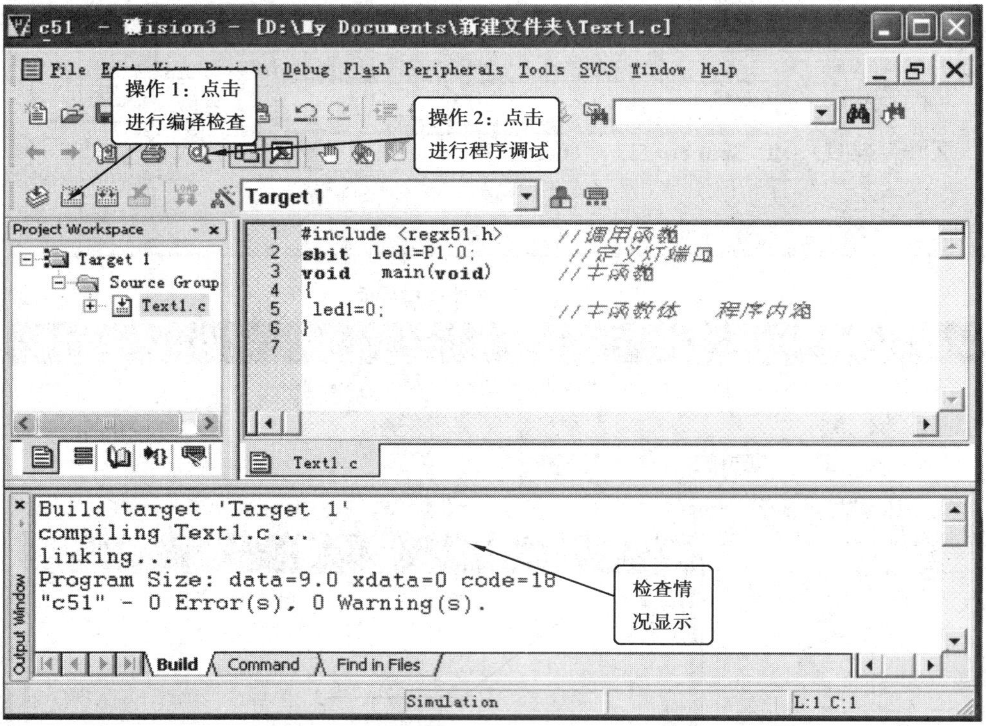

图 1-33　程序输入完成界面

(3)软件调试。

①在图 1-33 中,单击“Project”菜单,再在下拉菜单中单击“Built Target”选项(或者使用快捷键 F7),编译成功后,再单击“Project”菜单,在下拉菜单中单击“Start/Stop Debug Session”(或者使用快捷键 Ctrl + F5),屏幕如图 1-34 所示。

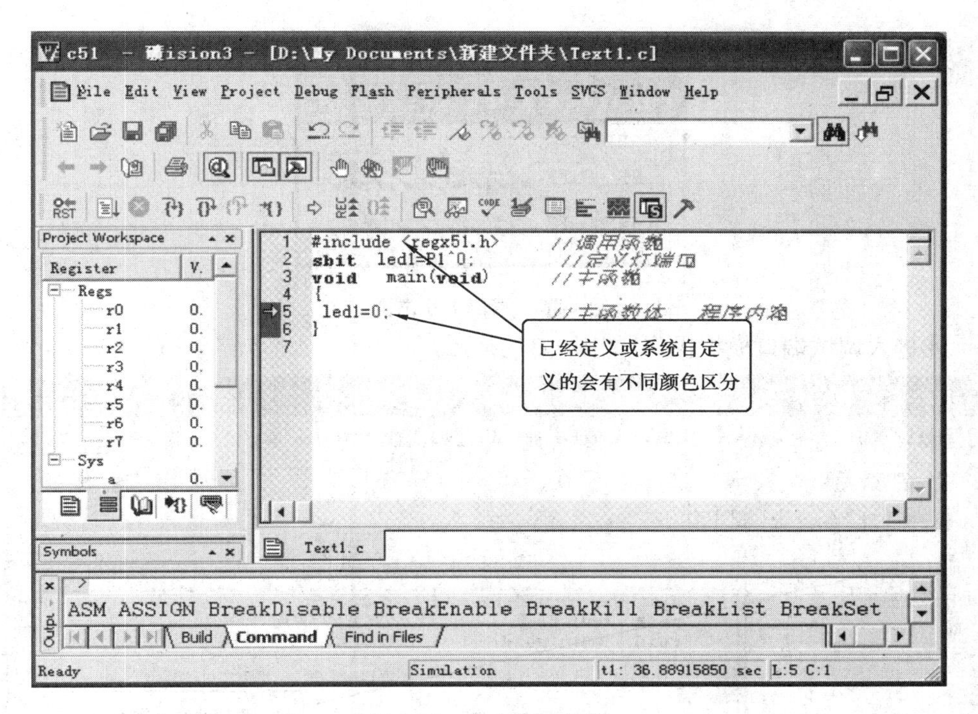

图 1-34　程序调试界面

②端口显示调用,如图 1-35 所示。

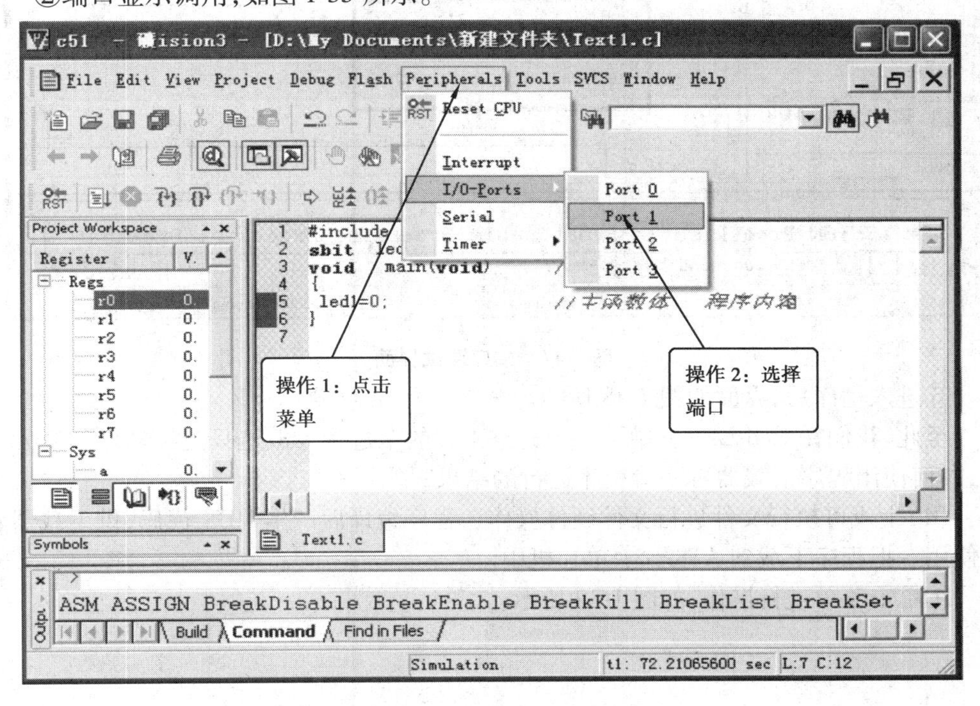

图 1-35　控制端口选择界面

③进行上面操作后出现端口的状态显示窗口如图 1-36 所示。

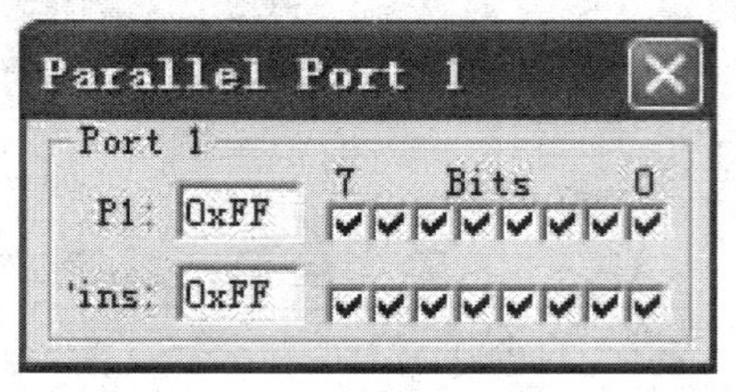

图 1-36 端口 1 状态图

④进入调试端口模拟操作，如图 1-37 所示。

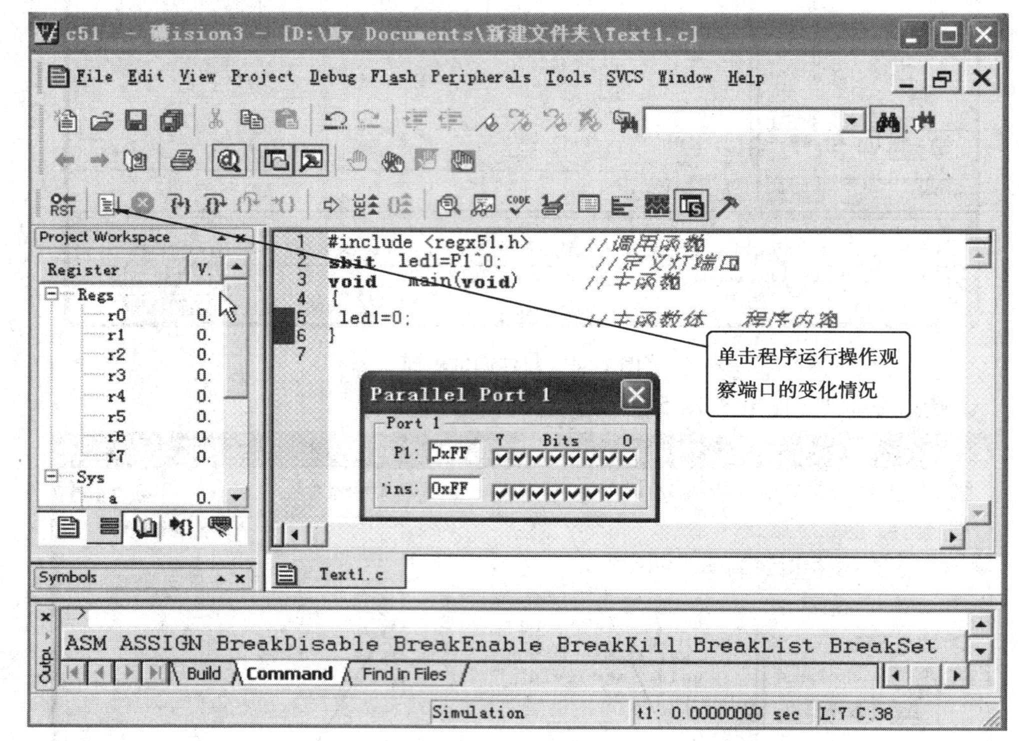

图 1-37 端口调试界面

⑤进入程序后，界面如图 1-38 所示。

至此，我们在 Keil C51 上做了一个完整工程的全过程。但这只是纯软件的开发过程，如何使用程序下载器看一看程序运行的结果呢？

(4)生成可执行文件进行文件硬件操作。程序编译后产生 HEX 代码，供下载器软件使用。把程序下载到 AT89S51 单片机中。

①单击菜单进行操作，如图 1-39 所示。

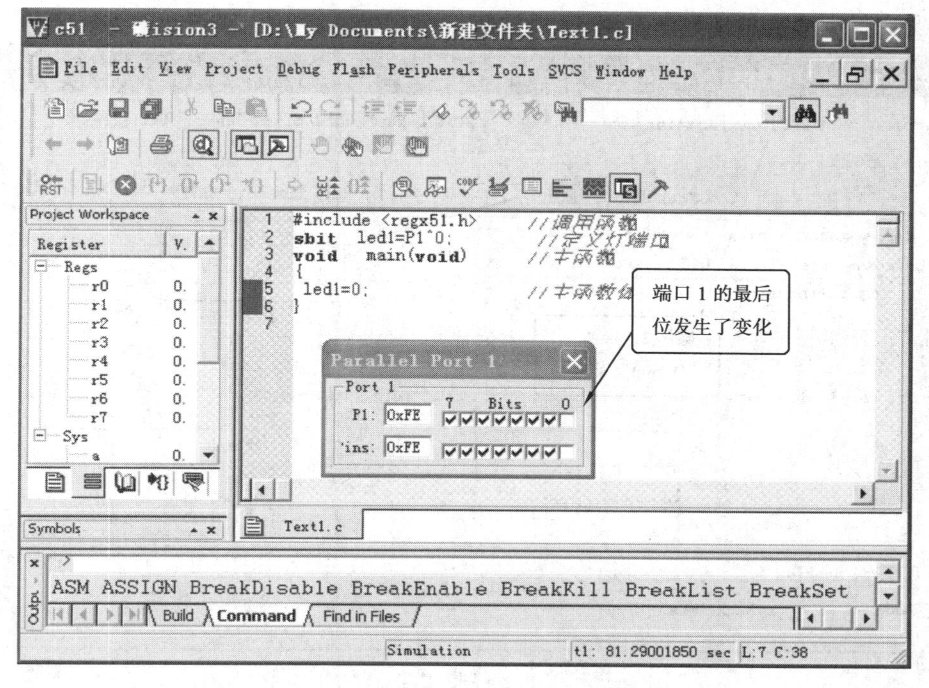

图 1-38　程序与端口调试结果界面

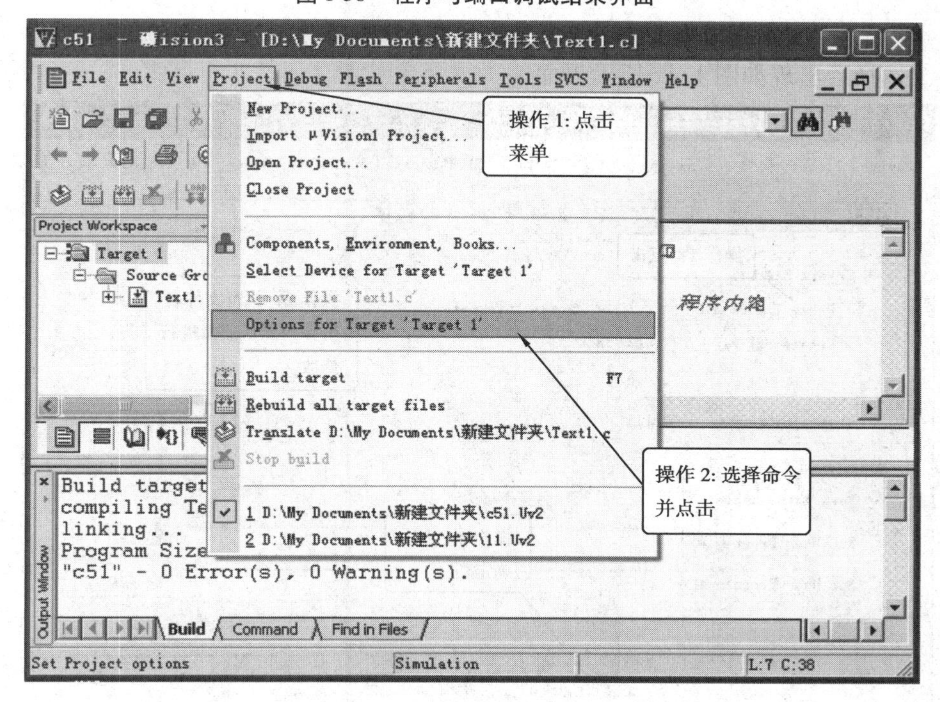

图 1-39　执行文件命令操作界面

②选择完成后出现如图 1-40 所示界面。

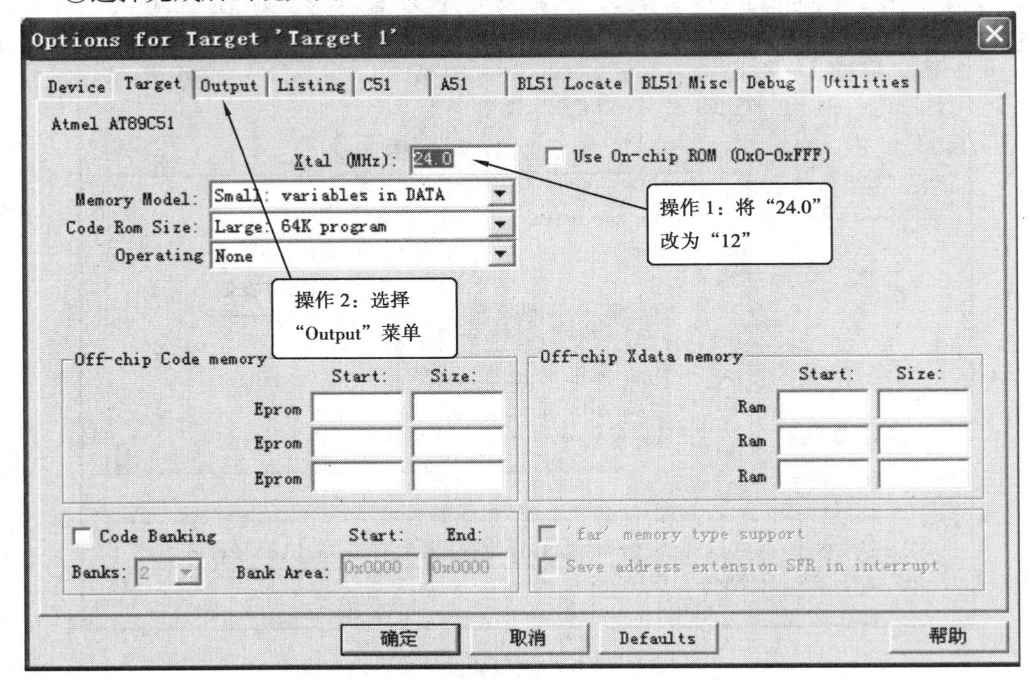

图 1-40　晶振频率选择界面

③选择后出现如图 1-41 所示界面。

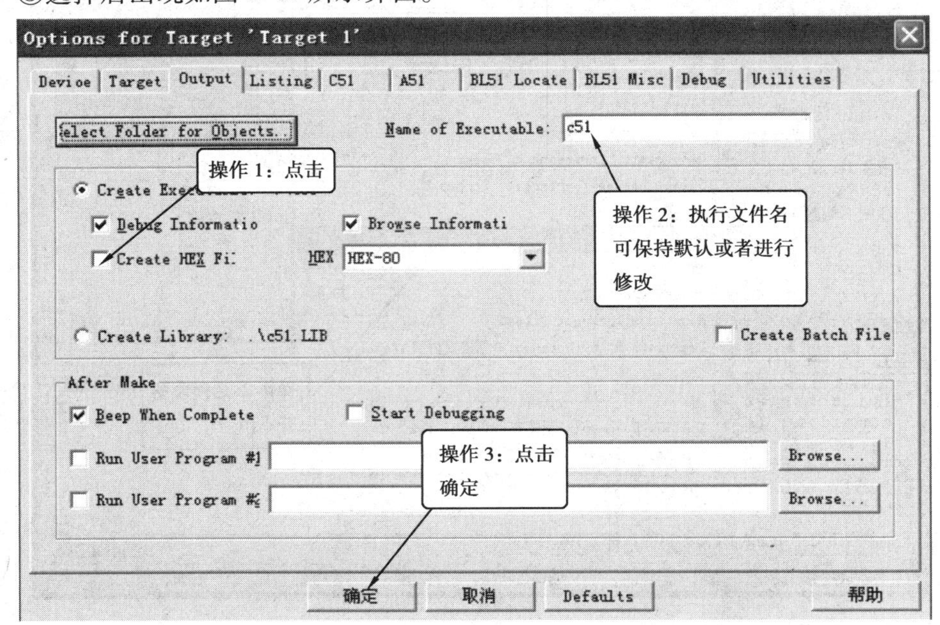

图 1-41　输出执行文件选项设置界面

④执行文件生成操作,如图 1-42 所示。

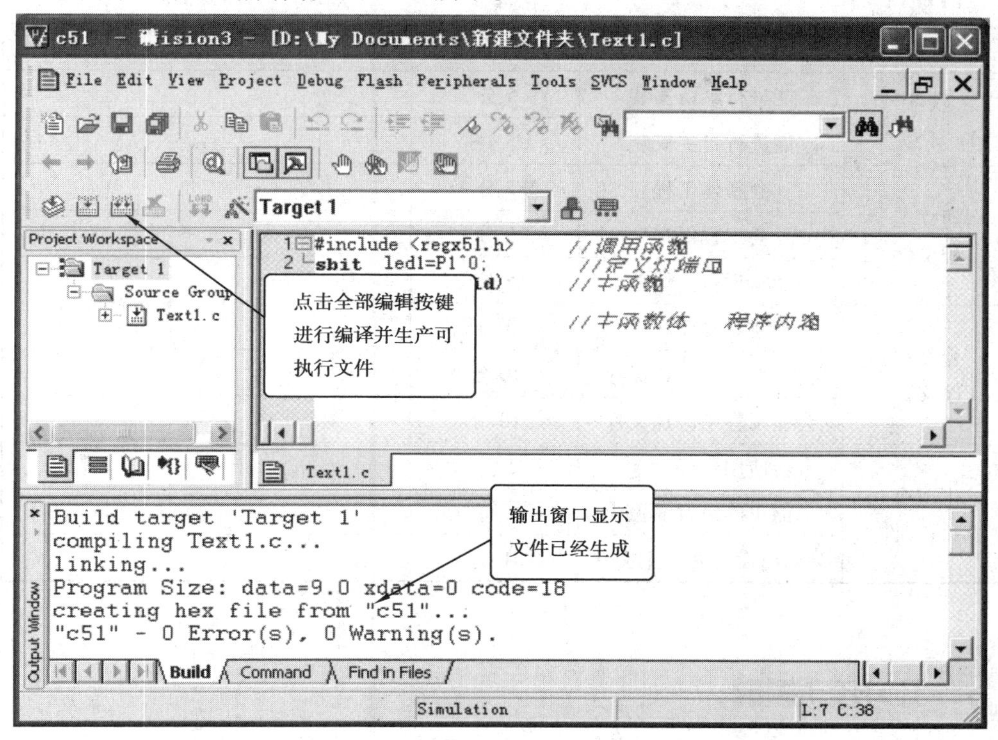

图 1-42 执行文件生成完成界面

在本任务中我们知道了单片机能控制其他设备是由程序来控制的,程序编写使用的是 Keil C8.05 软件。在软件的使用过程中我们学会了软件的安装、项目工程文件的建立、程序文件的添加和执行文件的生成。

你能记住全部的操作吗?试着回忆一下。

新建一个项目并生成可执行文件。

自评

项目内容	完成要求	分配分值	完成情况	自评分值
软件安装	能进行默认安装	5 分		
	能进行自主安装	5 分		
建立工程文件	会新建工程	5 分		
	会工程保存	5 分		
	能实现自主保存	5 分		
建立程序文件	会建立程序文件	5 分		
	会进行不同格式保存	10 分		
	会在工程中添加文件	10 分		
生成可执行文件	会使用生成命令	5 分		
	能正确设置晶振	5 分		
	会输出设置并产生文件	10 分		

1. 软件选择

选择编辑软件，可以根据使用的单片机来选择，Keil C51 几乎支持所有的 51 核的单片机。

2. 保存方式

首先保存该空白的文件，单击菜单上的“File”，在下拉菜单中选中“Save As”选项单击，在“文件名”栏右侧的编辑框中，键入欲使用的文件名，同时，必须键入正确的扩展名。注意，如果用 C 语言编写程序，则扩展名为“. c”；如果用汇编语言编写程序，则扩展名必须为“. asm”。

3. 快速检查方法

在输入上述程序时，Keil C51 会自动识别关键字，并以不同的颜色提示用户加以注意，这样会使用户少犯错误，有利于提高编程效率。

任务3 安装基本电路

一、任务引入

在单片机控制系统中,控制电路是在基本电路的基本上通过不断的发展、不断增加新的控制单元,最终实现各种各样的控制功能。基本电路指的是能让单片机正常工作的基本性电路,它包括复位电路、晶振电路和外接电源电路。

二、任务要求

(1)会识别基本电路原理图。
(2)能正确安装元件。
(3)能准确找到基本电路的位置。

三、准备工作

1. 器材准备

(1)空 PCB 电路板一块,如图 1-43 所示。

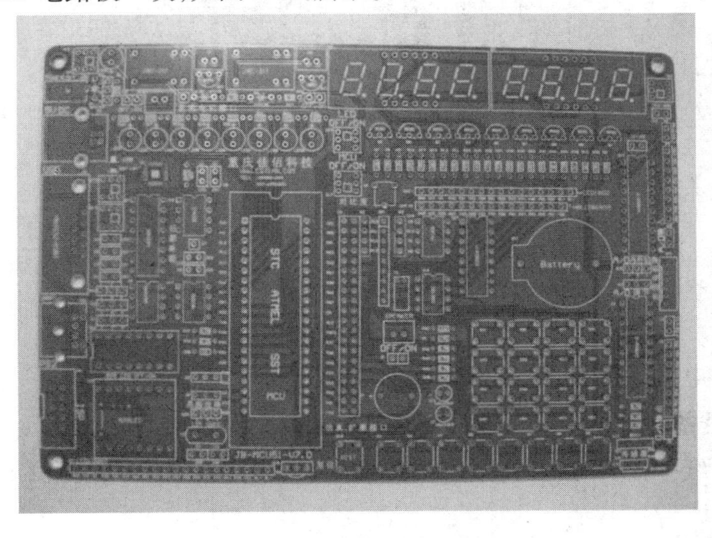

图 1-43 空 PCB 电路板图

(2)电源电路元件一套,如图1-44所示。

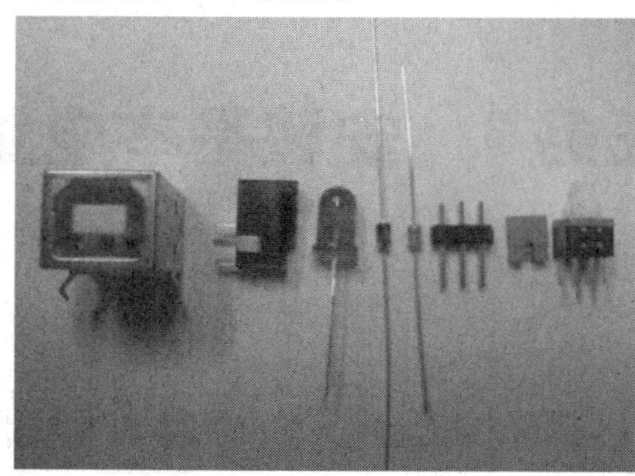

图1-44　电源电路元件图

电源连接线如图1-45所示。

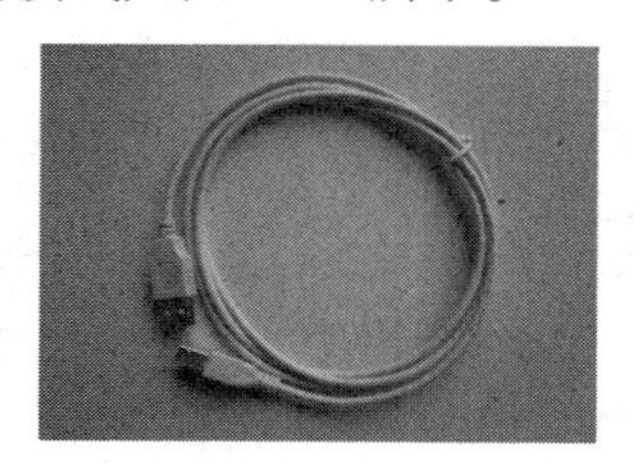

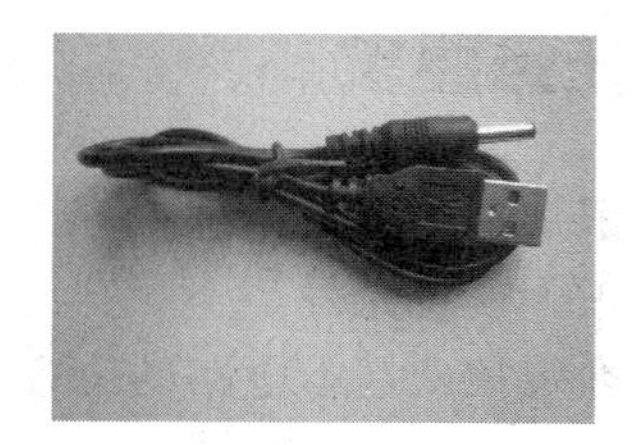

图1-45　USB和外接电源线

(3)基本电路器材如图1-46所示。

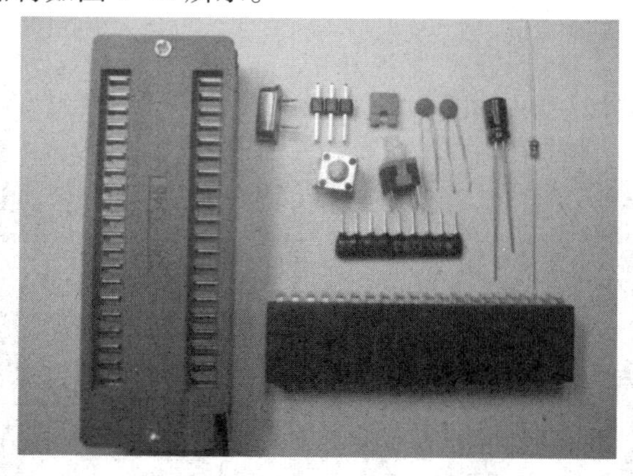

图1-46　基本器材图

(4)基本电路原理图一张、电源电路图一张。

2. 工具准备

白色A4纸一张、焊接工具一套、笔一支、万用表一块、镊子等,如图1-47所示。

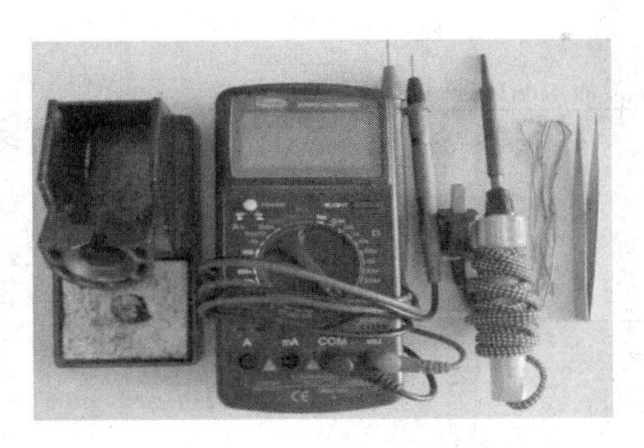

图 1-47　工具准备图

四、作业流程图

完成上述任务需要按图 1-48 所示流程进行。

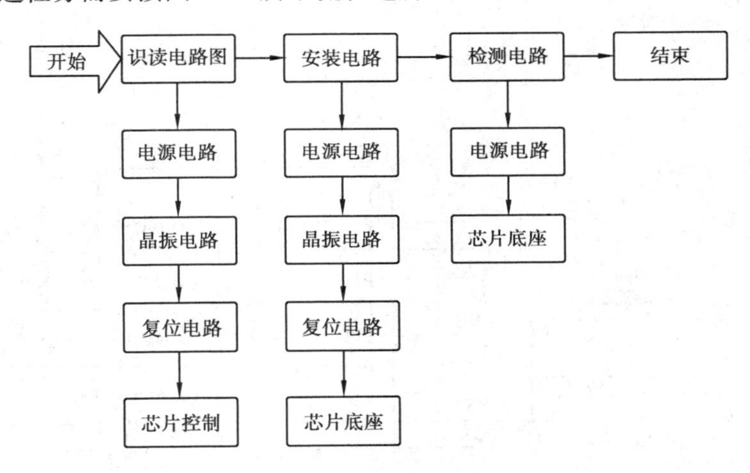

图 1-48　作业流程图

五、作业过程

1. 识读电路图

如图 1-49 和图 1-50 所示。

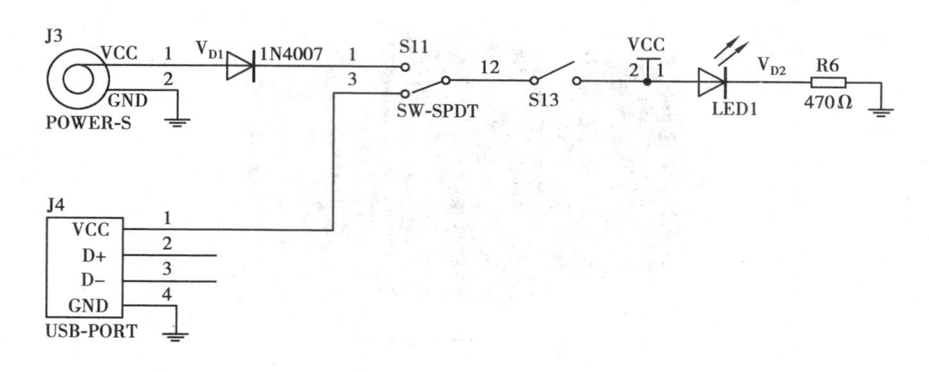

图 1-49　电源供电图

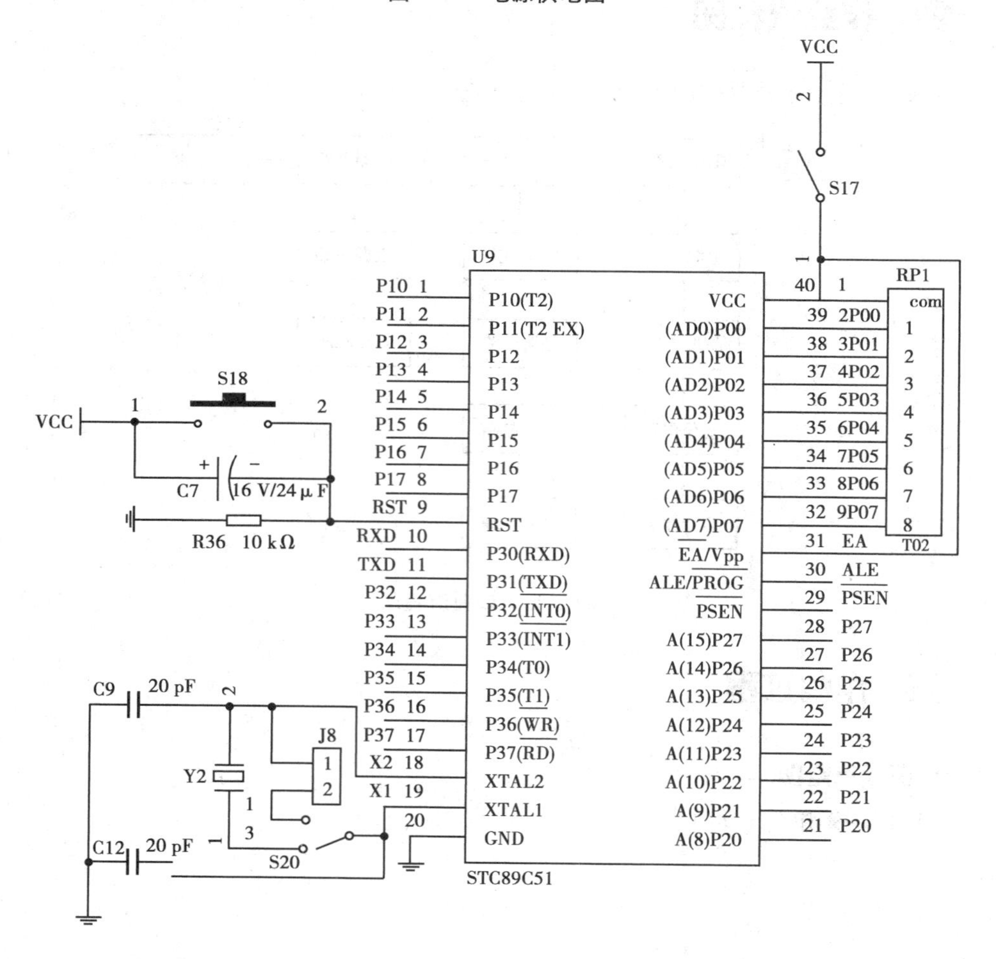

图 1-50　基本电路

2. 安装电源电路

(1)对器材进行检测。

(2)先根据原理图把元件找到对应的位置,置于表1-1中。

表1-1 电源电路元件清单

名称	参数	数量	符号	名称	参数	数量	符号
发光二极管	红色	1个	LED1	外接电源	—	1个	J3
USB电源	—	1个	J4	电源开关	—	1个	S13
连接条线	三针	1个	S11	电源电阻	470 Ω	1只	R6
二极管	IN4148	1个	V_{D1}				

(3)按电路图进行安装,焊接,完成后如图1-51所示。

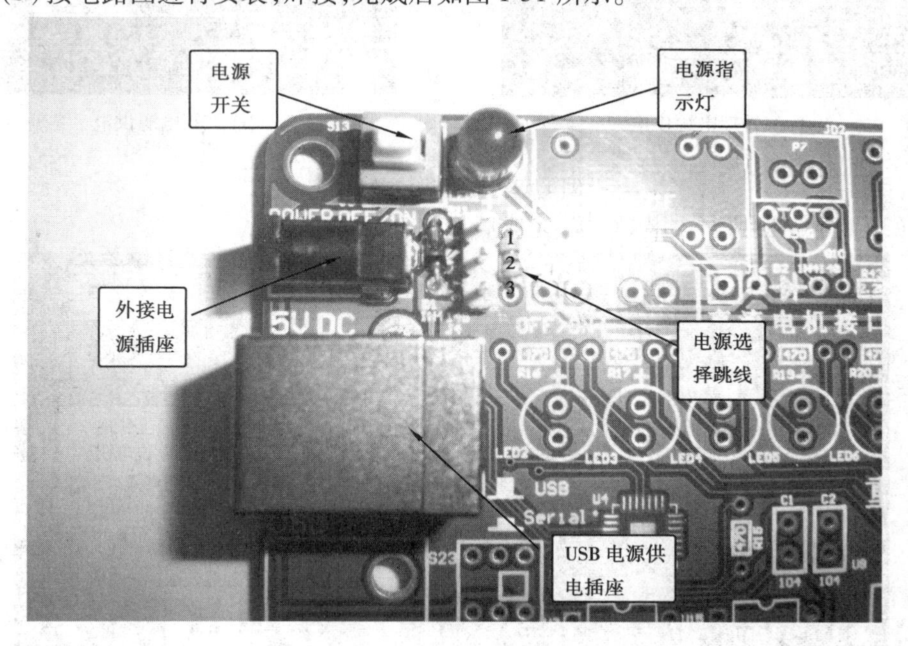

图1-51 电源电路安装图

当电源选择跳线1号2号脚相连时,使用的是USB供电方式。当电源选择跳线连接是2号和3号时使用是外接电源供电。电源供电效果图如图1-52所示。

3. 安装基本电路

(1)对器材进行检测。

(2)先根据原理图把元件找到对应的位置,置于表1-2中。

表 1-2　基本电路元件清单

名称	参数	数量	符号	名称	参数	数量	符号
芯片座	—	1 个	—	单片机芯片	40 脚	1 块	—
振荡电容	20 pF	2 只	—	晶振	12 M	1 个	—
电解电容	10 μF/16 V	1 只	—	排阻	10 kΩ	1 只	—
复位开关	—	1 个	—	复位电阻	10 kΩ	1 只	—

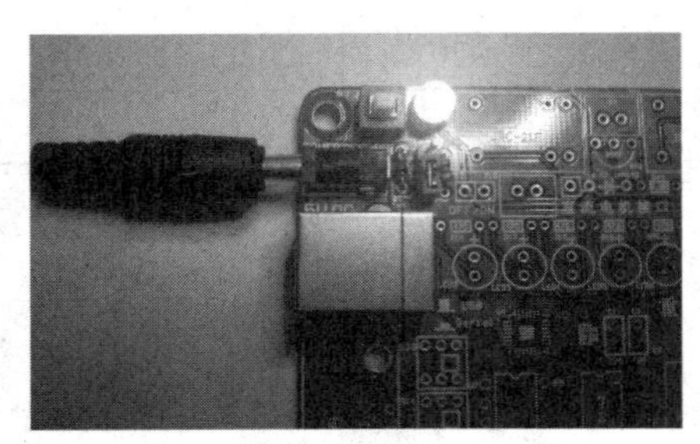

(a) 外接电源供电

(b) USB 电源供电

图 1-52　电源供电效果图

(3)按电路图进行安装、焊接，完成后如图 1-53 所示。

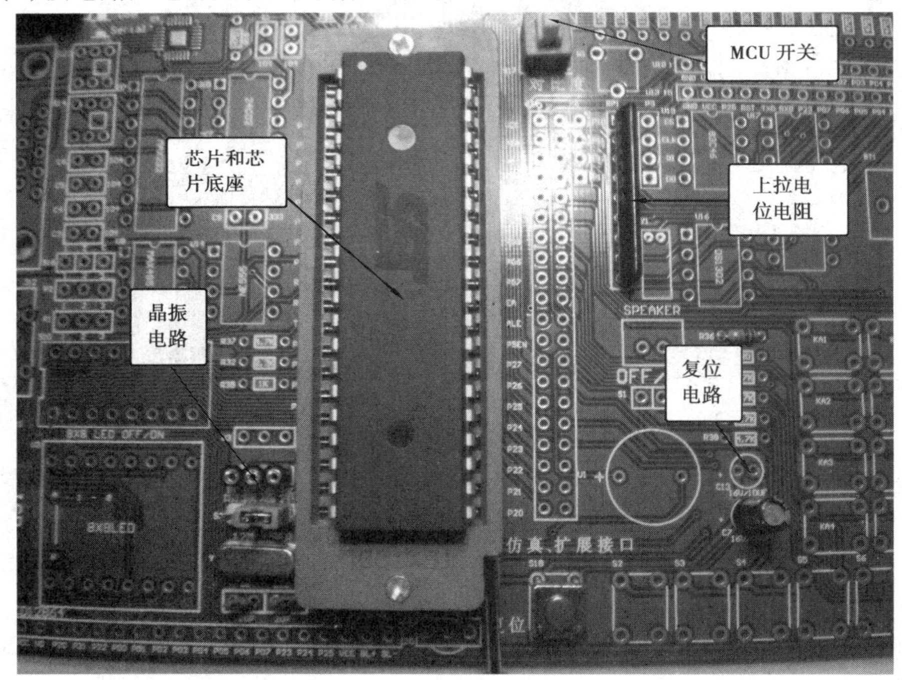

图 1-53　基本电路效果图

(4)完成电源和基本电路后效果如图1-54所示。

图1-54 基本电路与电源电路图

六、电路检测

(1)跳动跳线将电源选择为外接电源,接通外接电源红色指示灯亮,表示外接电源已经供电。用万用表检测。

(2)跳动跳线将电源选择为外接电源,接通外接电源红色指示灯亮,表示USB电源已经供电。用万用表检测。

(3)用万用表检测芯片底座20脚和40脚电压,应该为:20脚0 V,40脚5 V。

在这个任务中我们认识了单片机基本电路,它包括电源供电电路、晶振电路、复位电路。知道了电路的结构,会按照电路图进行安装,并对电路是否正确进行了检测,从而学会电路基本点的检测。

基本电路由哪些部分组成?

动手调整电源，实现外接电源和USB电源互换

自评

项目内容	完成要求	分配分值	完成情况	自评分值
焊接基本电路	元件对应位置安装	20分		
	元件高度一致	10分		
	元件水平安装水平	10分		
	元件垂直安装垂直	10分		
	USB电源检测正确	10分		
	外接电源检测正确	10分		
	芯片20脚检测正确	15分		
	芯片40脚检测正确	15分		

复位原理

当我们操作复位按键时，按键开关把芯片的“RST”的电压强制从高电位拉到低电位。相当于给“RST”脚一个低电位。当“RST”脚是低电位时芯片就进入复位状态，停止当前的所有动作处于初始状态。当释放开复位按键后，“RST”脚又恢复到高电位，芯片重新开始程序操作。

任务4　安装下载电路

一、任务引入

要实现程序对电路的控制，下载电路是必不可少的。它能实现把用户编写好的程序写入到单片机芯片中，然后用单片机去控制设备正常运行。现在单片机下载方式很多，我们这里只讲解最常见、最实用的串口下载和USB下载方式，如图1-55所示。

图1-55　下载电路安装图

二、任务要求

(1)能识别下载原理图。
(2)能正确安装元件。
(3)会设置下载软件。
(4)能正确使用下载软件。

三、准备工作

1.器材准备

(1)带复位基本电路电路板一块，如图1-56所示。

图1-56　带复位基本电路电路板图

(2)RS232 下载器材和 RS485 下载器材,如图 1-57 所示。

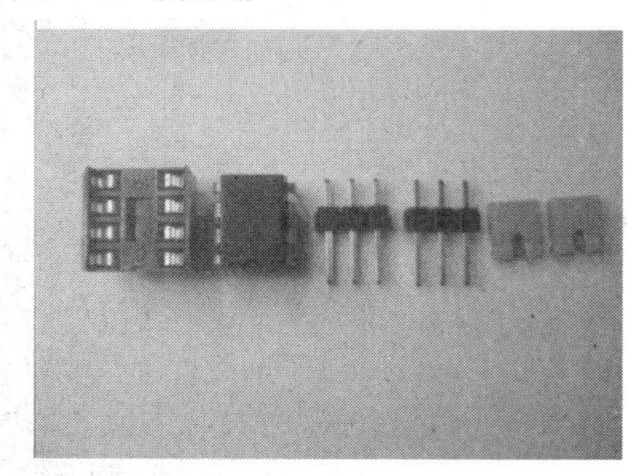

图 1-57　RS232 下载器材和 RS485 下载器材

(3)USB 下载器材图,如图 1-58 所示。

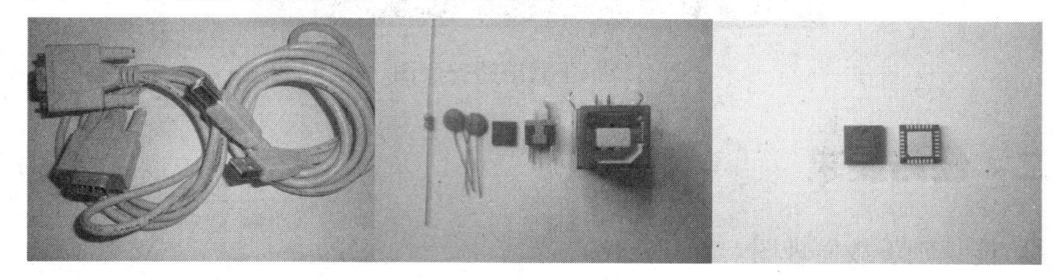

图 1-58　USB 下载电路元件图

(4)下载原理图一张。

2. 工具准备

A4 白纸一张、焊接工具一套、万用表、笔等。

四、作业流程图

要完成该任务需按图 1-59 所示流程进行操作。

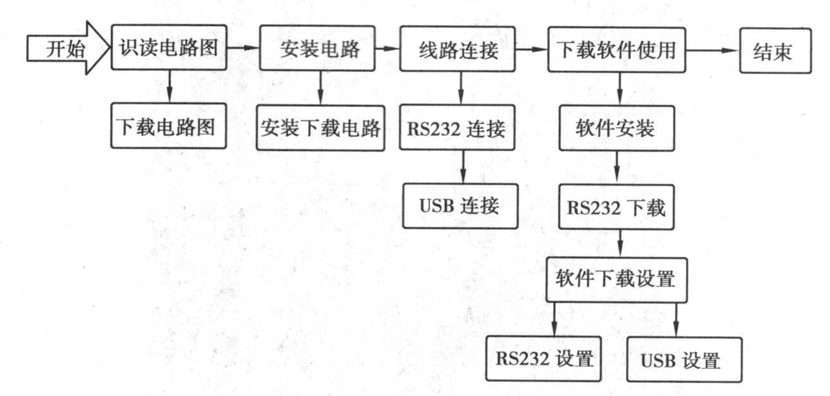

图 1-59　作业流程图

五、作业过程

1. 识读下载原理图

单片机串口下载原理图如图1-60所示。

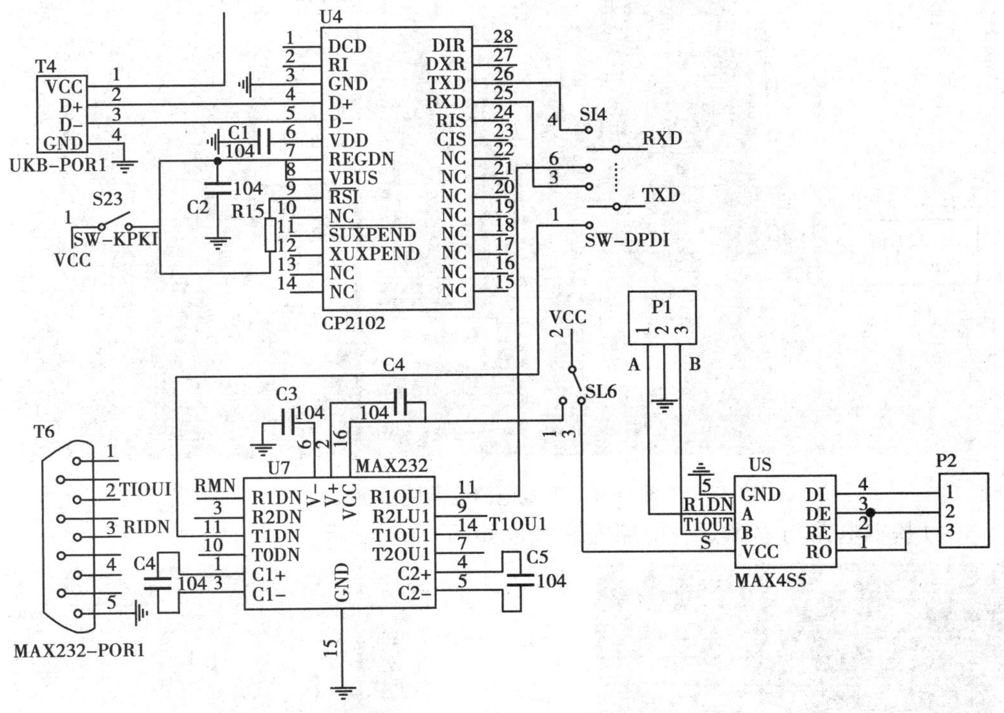

图1-60　单片机串口下载原理图

2. 安装电路

(1)元器件检测。

(2)先根据原理图把元件找到对应的位置,置于表1-3中。

表1-3　元件清单

名称	参数	数量	符号	名称	参数	数量	符号
RS232端口	—	1个	J6	插针	三端	3个	S16\P2\P1
RS232芯片座	16脚	1个	U7	控制开关	—	2个	S14\S23
RS232芯片	—	1块	—	RS485芯片座	—	1个	U8
瓷片电容	104	4个	C3-C6	RS485芯片	—	1块	—
USB下载芯片	—	1块	U4	电阻	470Ω	1个	R15
瓷片电容	104	2个	C1\C2				

(3)先根据原理图把元件找到对应的位置，并用焊接工具将下载电路焊接完成，如图 1-61 所示。

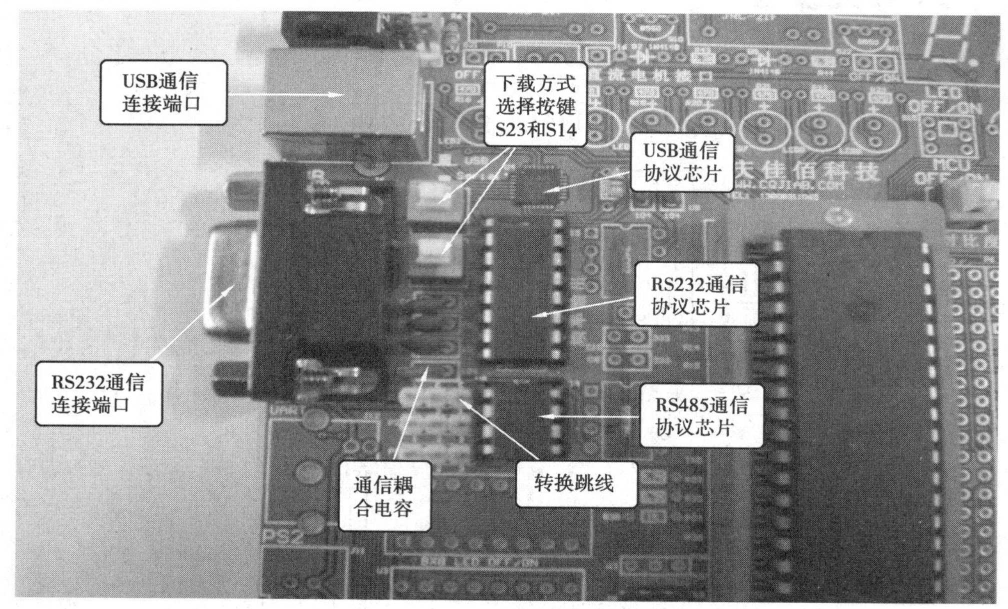

图 1-61　下载电路安装完成图

(4)基本电路与程序下载电路安装完成如图 1-62 所示。

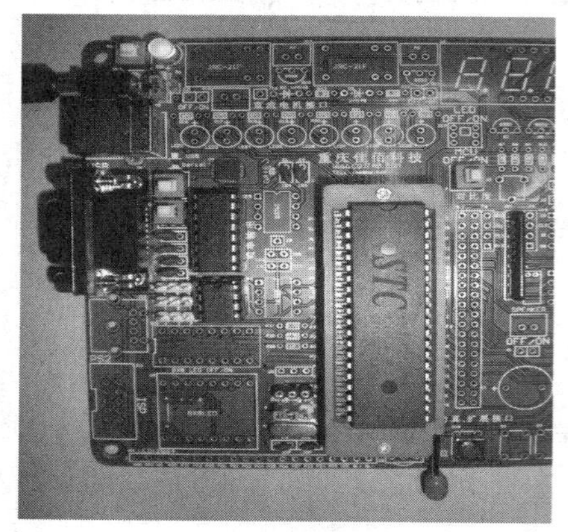

(a)外接电源供电

(b)USB电源供电

图 1-62　基本电路与程序下载电路安装完成供电图

3. RS232 **下载线路连接**

RS232 下载连接如图 1-63 所示。

(a)电路板连接

(b)电脑连接

图 1-63　RS232 下载连接图

4. USB **下载线路连接**

USB 下载连接如图 1-64 所示。

(a)电路板连接

(b)电脑连接

图 1-64　USB 下载连接图

当控制开关 S14 和 S23 同时弹起时，下载方式采用 USB 下载。当 S14 按下时，采用的下载方式为 RS232 或者 RS485 串口下载。

5. **下载软件的使用**

单片机的下载软件要根据单片机的型号来确定。我们主要讲解的是 STC 系列单片机，下面就介绍一下 STC 系列单片机下载软件的使用及其技巧。

(1)下载软件的安装。

由于 STC 软件的特性，所以下载软件不需要安装，只需要把它拷贝到你的文件夹里就可以使用了(在网络上都可以下载到该软件)，如将文件从可移动磁盘拷贝到桌面单片机文件里面。

①双击“我的电脑”，如图 1-65 所示。

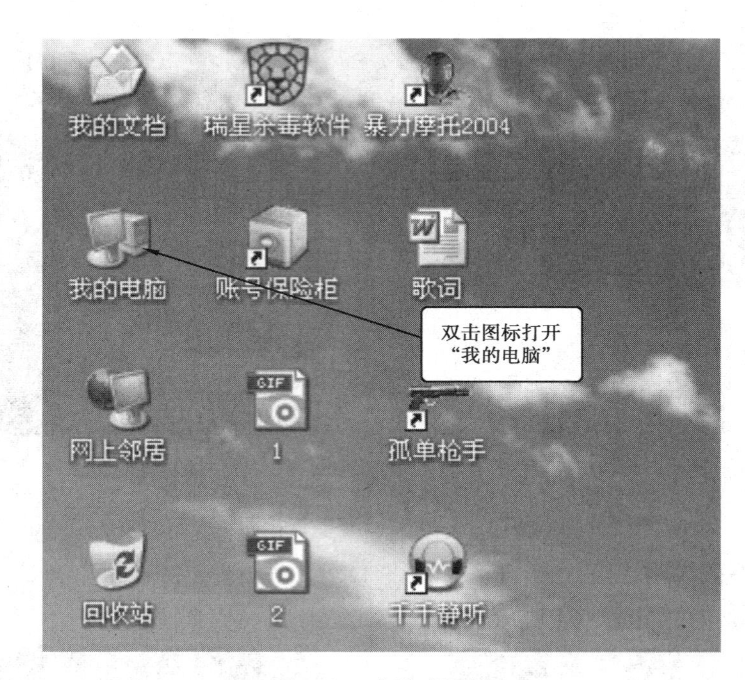

图 1-65　电脑桌面图

②双击之后出现如图 1-66 所示。

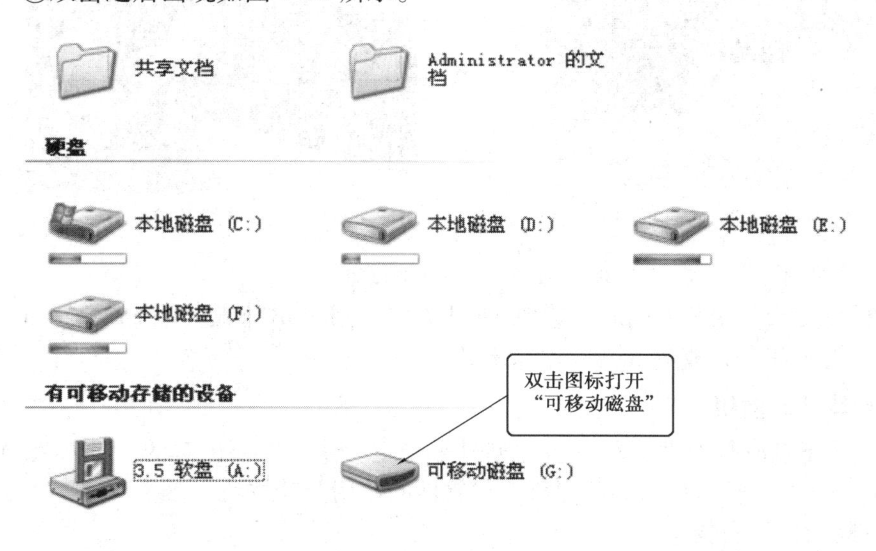

图 1-66　电脑磁盘分布图

③打开“可移动磁盘”后出现图 1-67 所示界面。

图 1-67　可移动磁盘内文件图

④在图 1-67 中“选中 STC 下载软件”,单击右键显示如图 1-68,并选择“复制”。

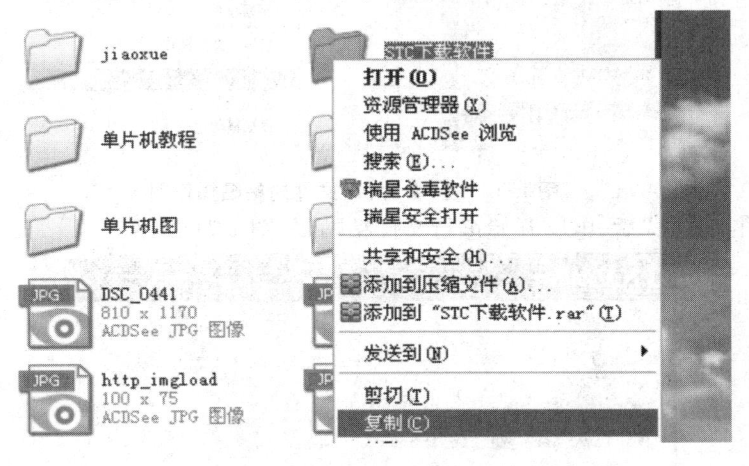

图 1-68　文件复制操作图

⑤复制完成后,关闭可移动磁盘,回到电脑桌面如图 1-69 所示。

图 1-69　新建“单片机”文件的电脑桌面图

⑥打开“单片机”文件后，在文件内进行刚才复制文件的粘贴，如图 1-70 所示。

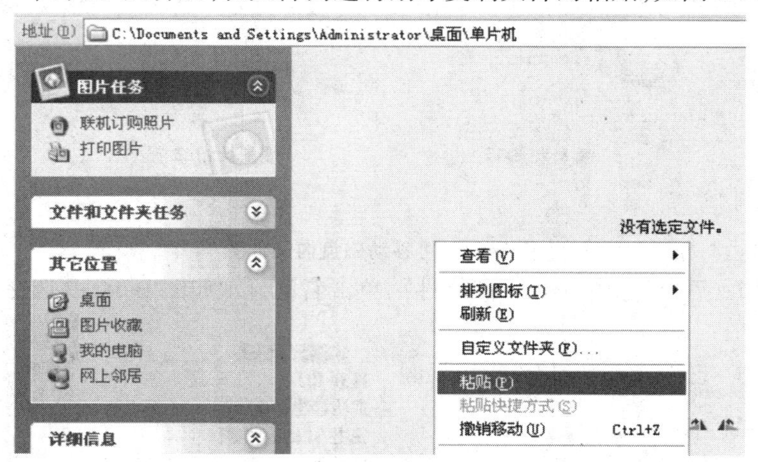

图 1-70　在“单片机”文件内粘贴操作图

⑦点击“粘贴”后，电脑开始进行文件粘贴，如图 1-71 所示。

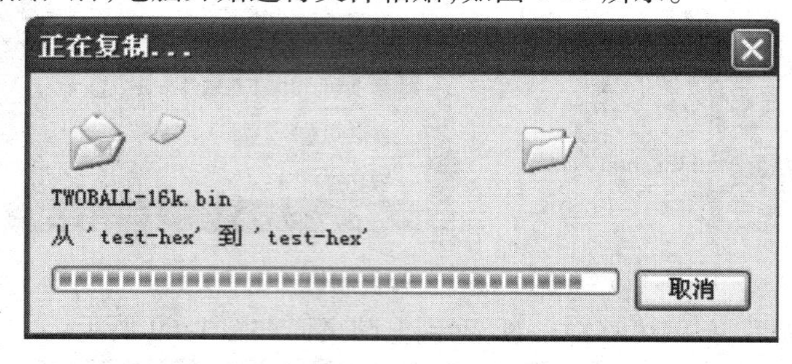

图 1-71　文件粘贴过程图

⑧当文件粘贴完成后，在“单片机”文件夹内就有了“STC 下载软件”文件，如图 1-72所示。

图 1-72　粘贴好后的 STC 下载软件图

(2)下载软件打开

①软件粘贴完成以后就可以直接使用了。首先打开下载软件的文件出现如图1-73所示界面。

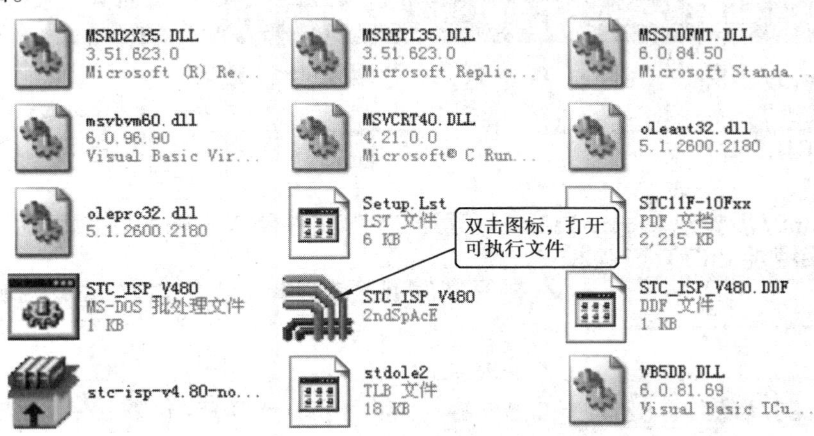

图 1-73　下载软件文件图

②可执行文件打开后弹出下面的操作界面,如图 1-74 所示。

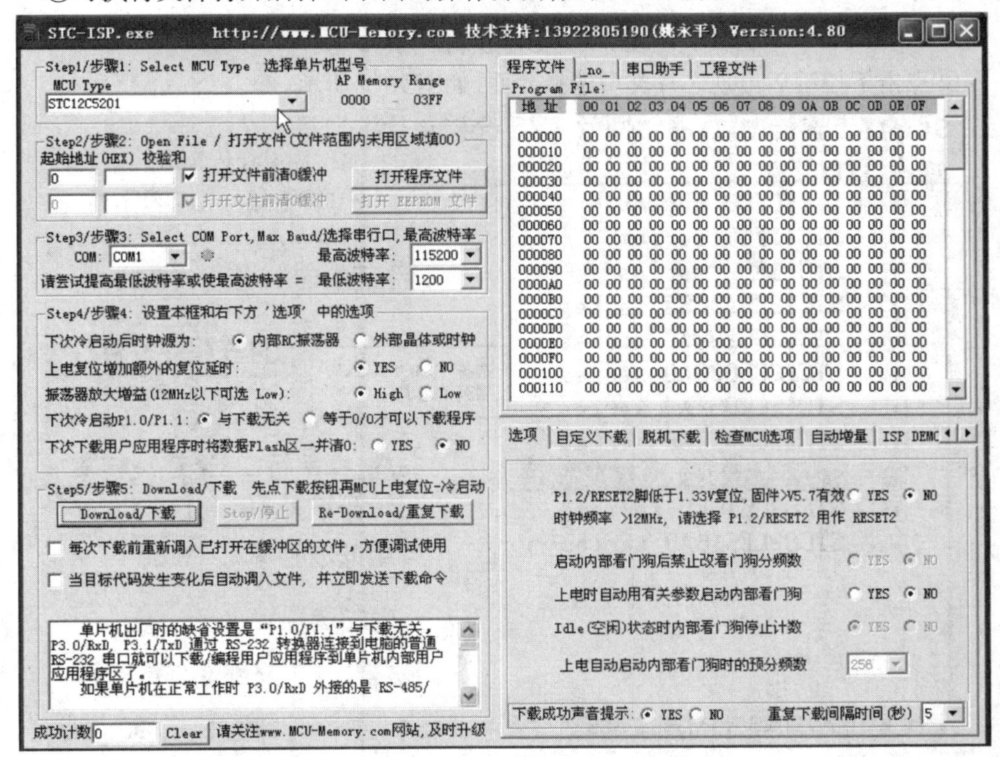

图 1-74　下载软件操作界面

(3)下载软件的使用

①首先进行下载芯片的选择,如图 1-75 所示。

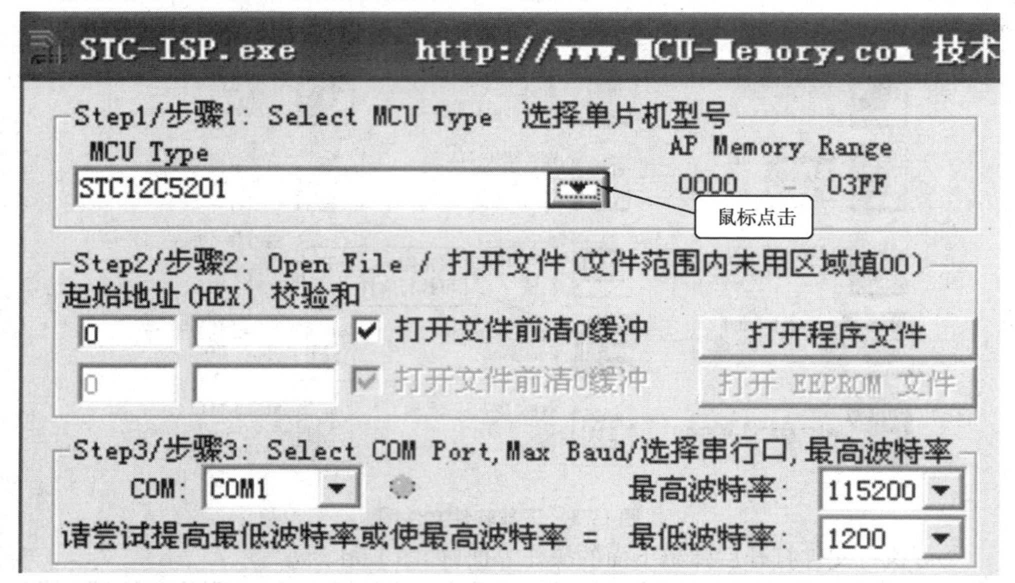

图 1-75　芯片选择操作界面

②点击下拉键后出现芯片类型选择界面,如图 1-75 所示。

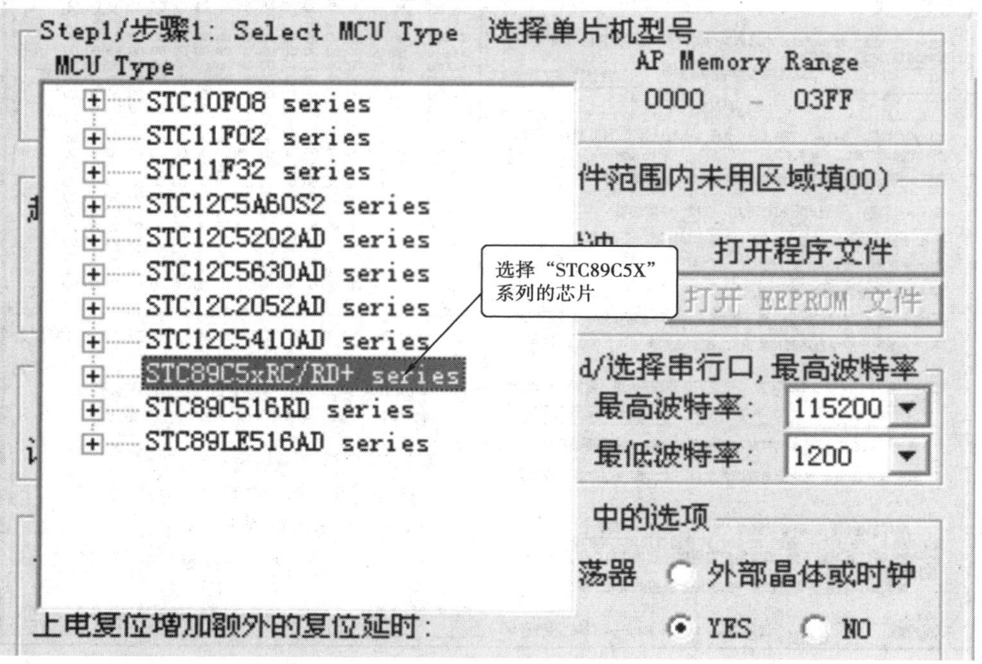

图 1-76　芯片选择界面

③双击或者点击前面的“+”号,进入具体芯片选择界面,如图1-77所示。

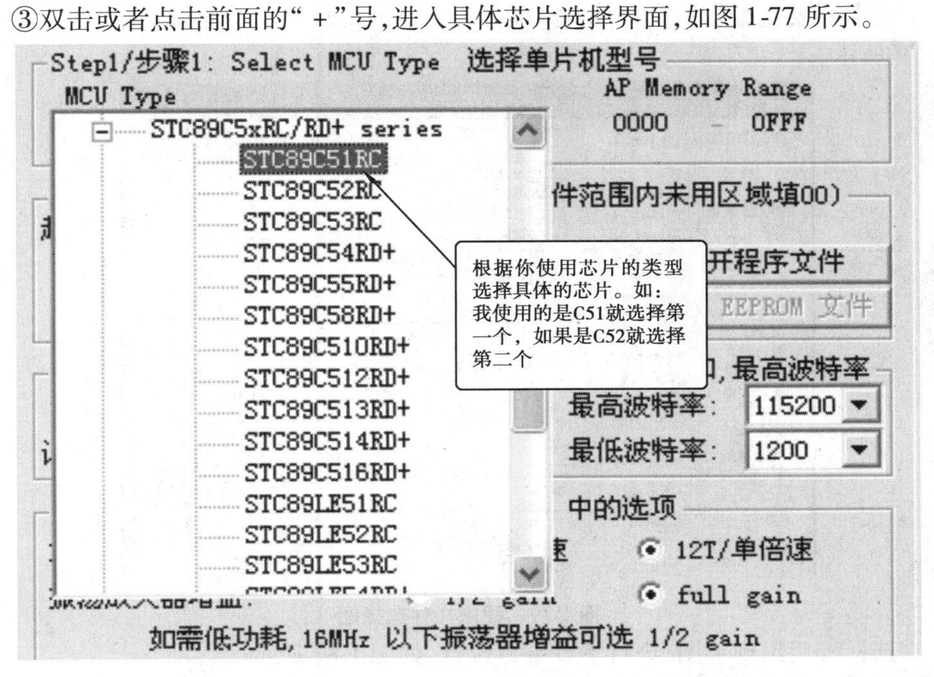

图1-77　具体芯片选择界面

④选择好芯片后,下一步就是打开程序文件的操作,如图1-78所示。

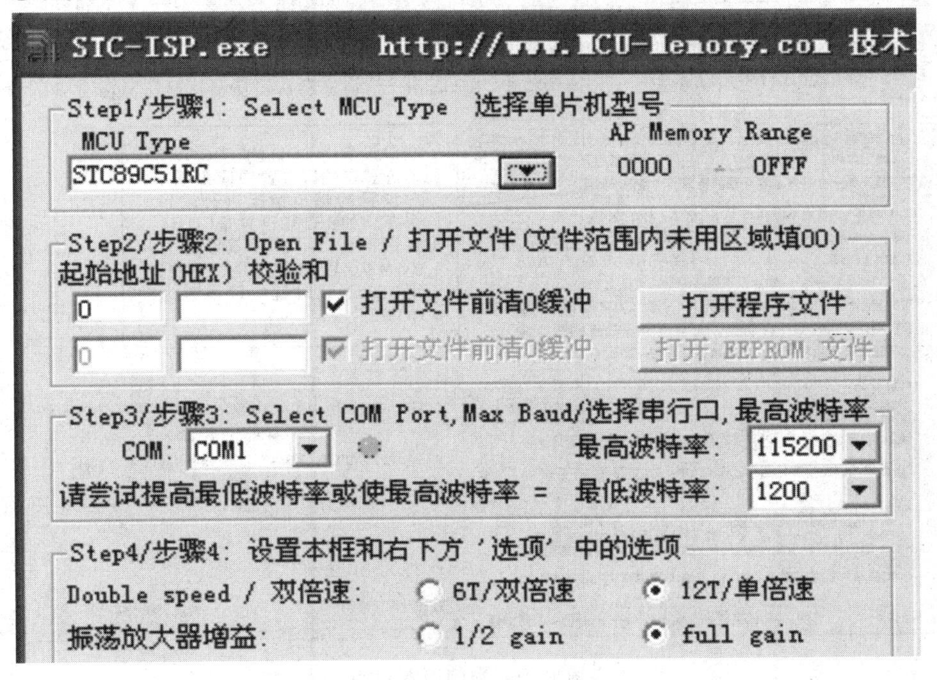

图1-78　程序文件打开操作图

⑤你只需要把程序所在文件打开就可以了。但是必须是后缀为“. hex”的文件，如图 1-79 所示。

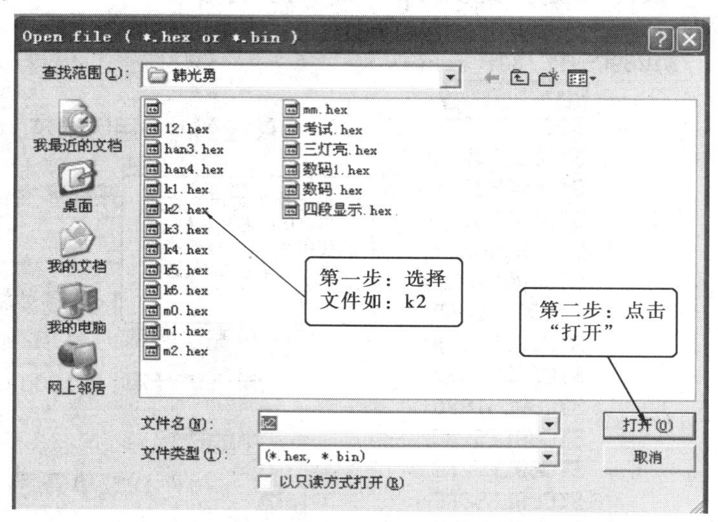

图 1-79　程序文件选择图

⑥选择好后出现下图，进行下载端口设置，如图 1-80 所示。

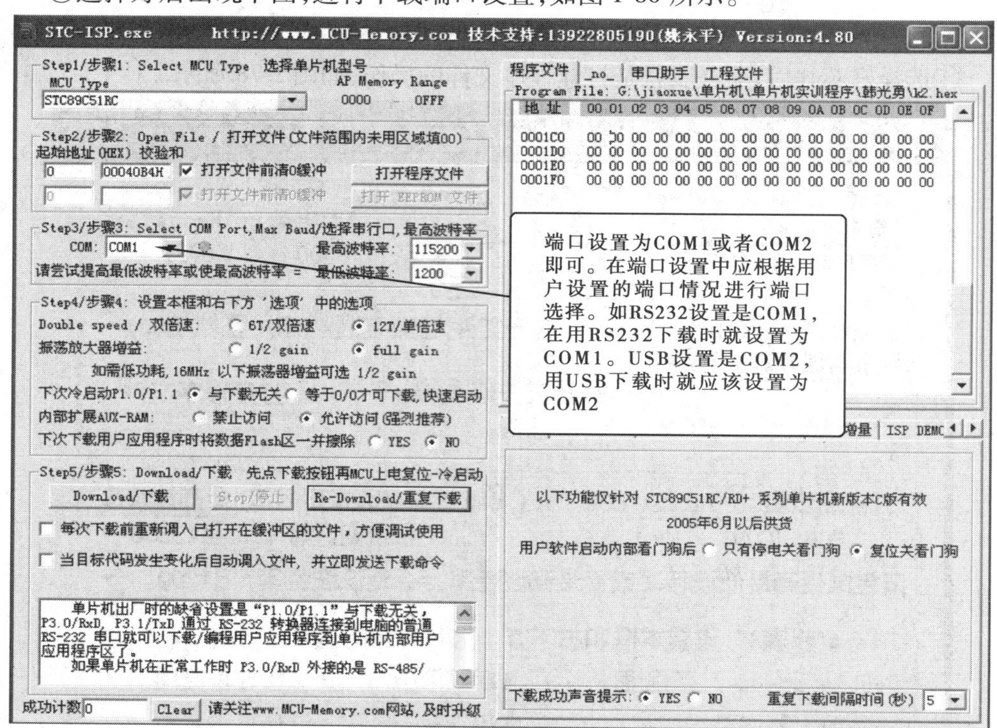

图 1-80　端口设置界面

⑦端口设置好后，其余可以不设置，保持默认状态，直接进行下载操作如图1-81所示。

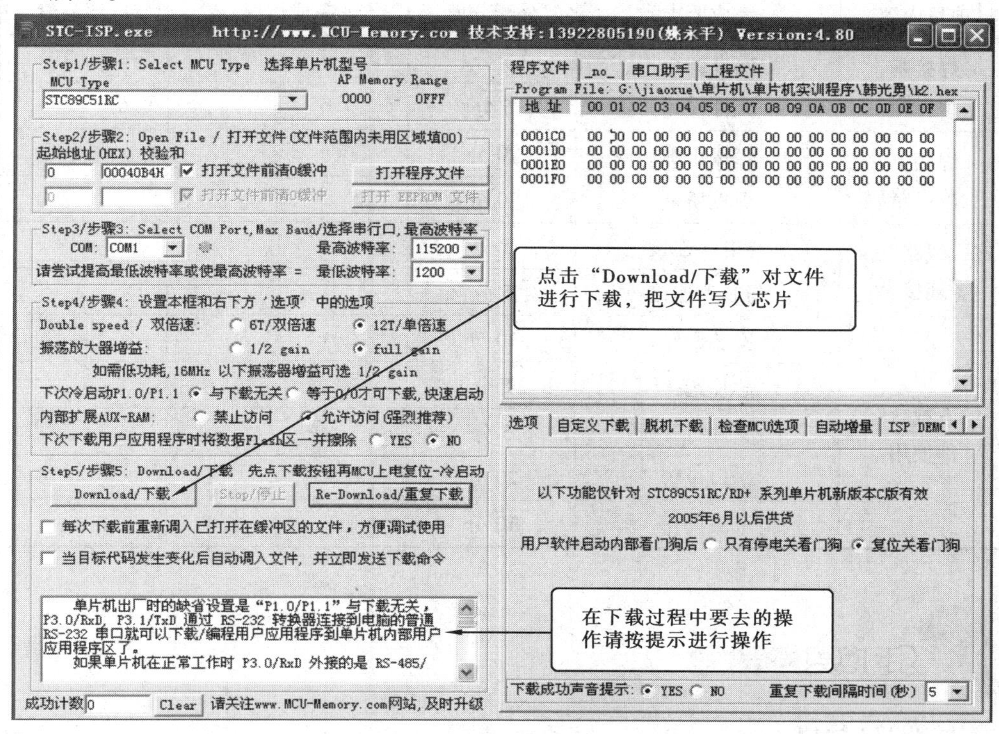

图1-81　程序下载操作界面

你知道一个完整的下载电路的元件组成和安装吗？

动手把一个“xx. hex”文件下载到芯片中。

自评

项目内容	完成要求	分配分值	完成情况	自评分值
焊接基本电路	元件准备	5 分		
	元件检测	5 分		
焊接下载电路	焊接正确	20 分		
	焊点质量	10 分		
线路连接	与电脑连接	5 分		
	与芯片连接	5 分		
下载软件使用	安装操作	10 分		
	芯片选择	5 分		
	文件打开	5 分		
	端口设置	20 分		
	下载操作	10 分		

1. RS232 **接口**

是计算机外部设备的一种串行接口标准。协议规定了硬件和软件标准，接口的结构(D 型插座,9 针或 25 针)和电气标准以及传输率和数据标准(6 ~ 8 位数据格式,1 ~ 2 位的停止位,1 位起始位)。

2. USB **操作**

1)USB 驱动安装指南

请遵循如下步骤去安装 USB 驱动程序。

第一步:设置好单片机开发装置通信端口(将 S23、S14 开关弹起),用随机 USB 通信电缆连接仪器的 USB 插座和计算机 USB 口;显示找到新硬件向导,选择“从列表或指定位置安装(高级)”选项,进入下一步,如图 1-82 所示。

第二步:选择“在搜索中包括这个位置”,点击“浏览”,定位到光盘的驱动程序文件夹,如 G:\驱动程序\USBDRIVER2. 0\,进入下一步,如图 1-83 所示。

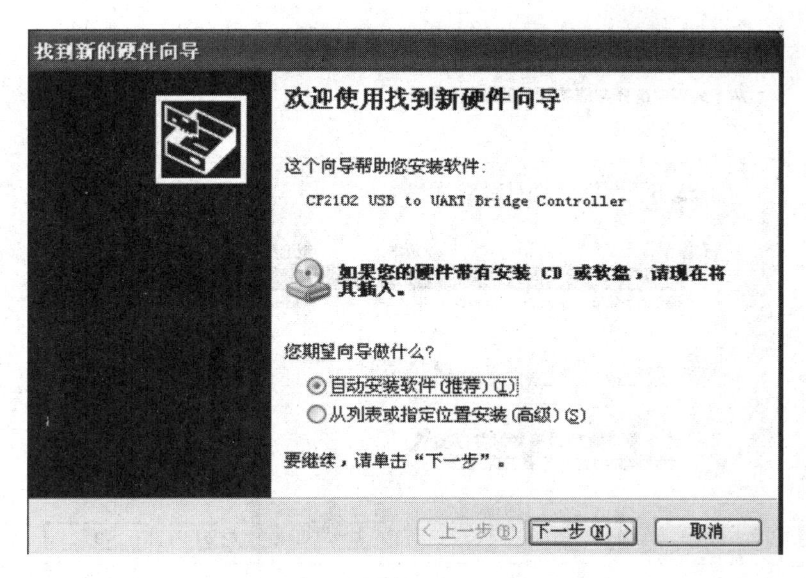

图 1-82

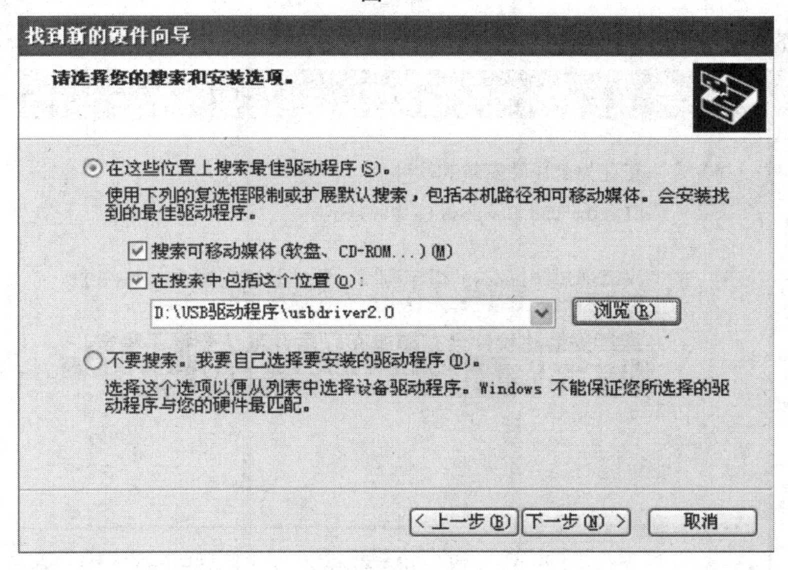

图 1-83

此时,就会看到如图 1-84 所示提示:

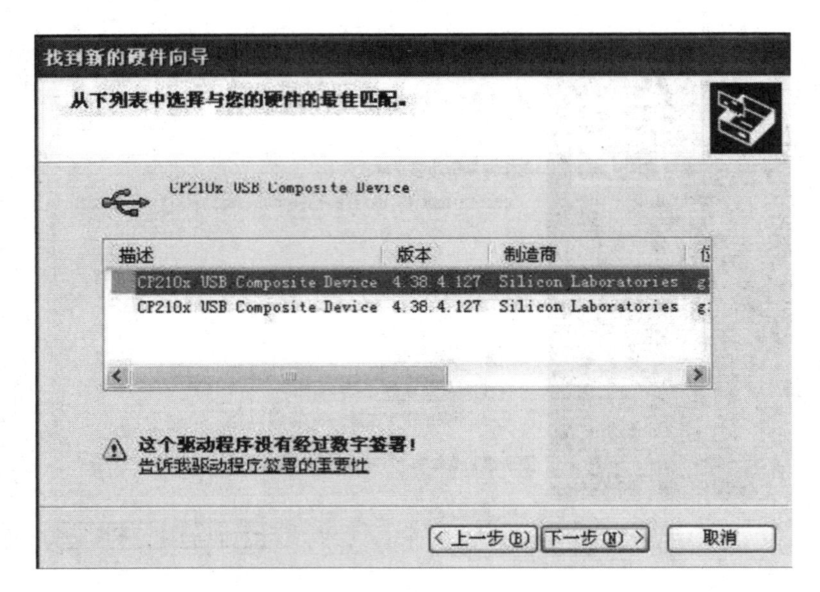

图 1-84

点击下一步，会看到如图 1-85 所示提示：

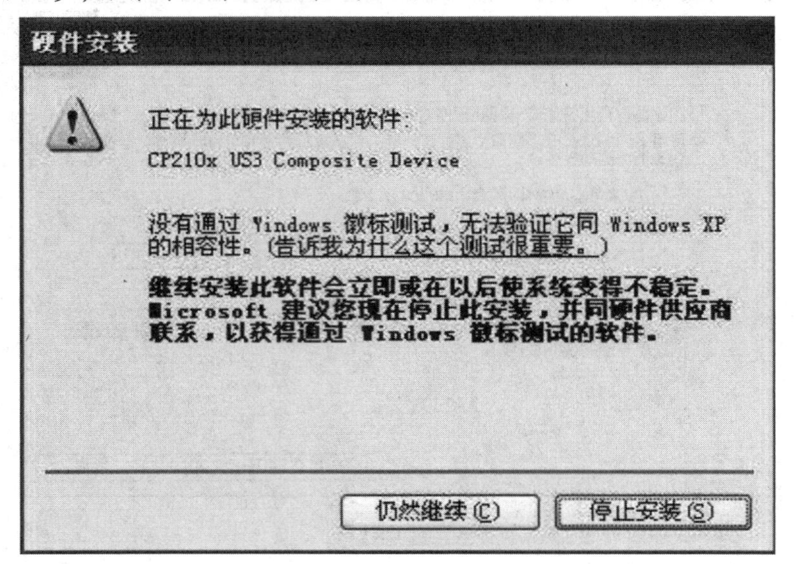

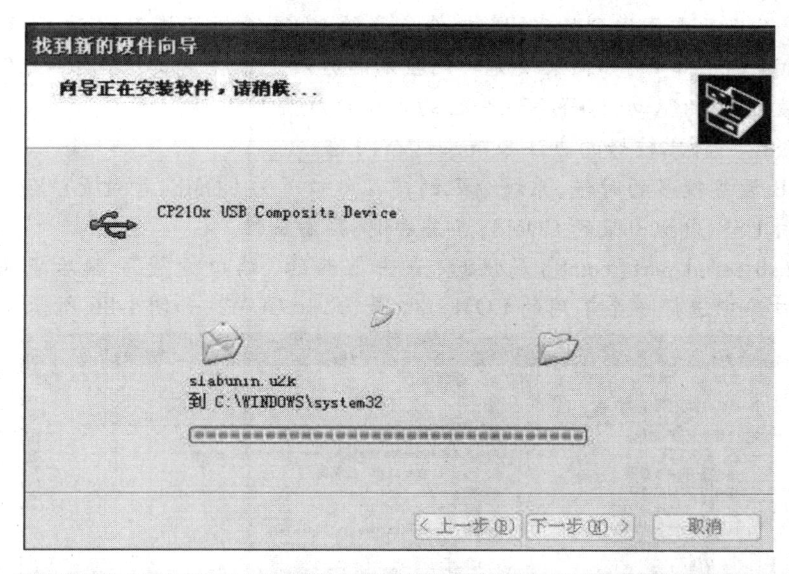

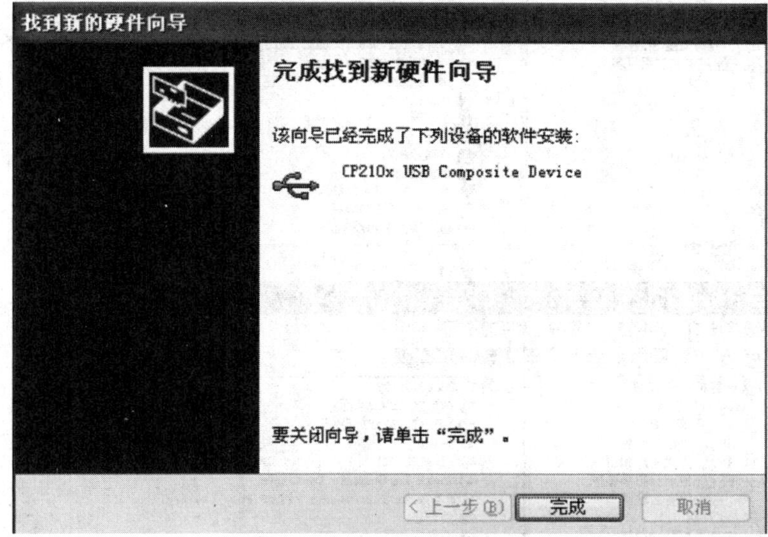

图 1-85

此时，单击"完成"，完成 USB 驱动的安装。

安装失败的解决方法：

如果在安装中途退出或掉电等，可能造成安装失败。这时，可以在设备管理器中删除带有黄色感叹号的 USB 设备，然后在重复以上的安装步骤即可。

特别情况下的 USB 驱动安装：若已经驱动安装成功，直接跳过这一步。

2）USB 下载端口设置

一般情况下的 USB 安装如上所述，特别情况下，您的电脑可能已经安装了其他的 USB 打印机、USB 编程器等。在这种情况下，分配给 USB 虚拟串口可能是串口 7，甚至是串口8。而后面需要用到的KEIL软件仿真的COM选择范围只限于COM1、COM2、COM3、COM4四个串口，如何解决呢？比较笨的办法是干脆重新安装系统，在新的系统中首先安装USB的驱动，这样系统分配的串口自然靠前了。

下面介绍一种比较好的办法来解决这个问题。

当USB设备较多的时候，系统分配的虚拟端口号为COM8，导致无法使用KEIL等软件。指向USB虚拟出来的COM8，点击右键，察看属性。

进入usb serial port(com8)属性后，点击上面的“端口设置”，然后点击“高级属性”，在端口号中选择一个不用的COM端口号，比如COM2，如图1-86所示。

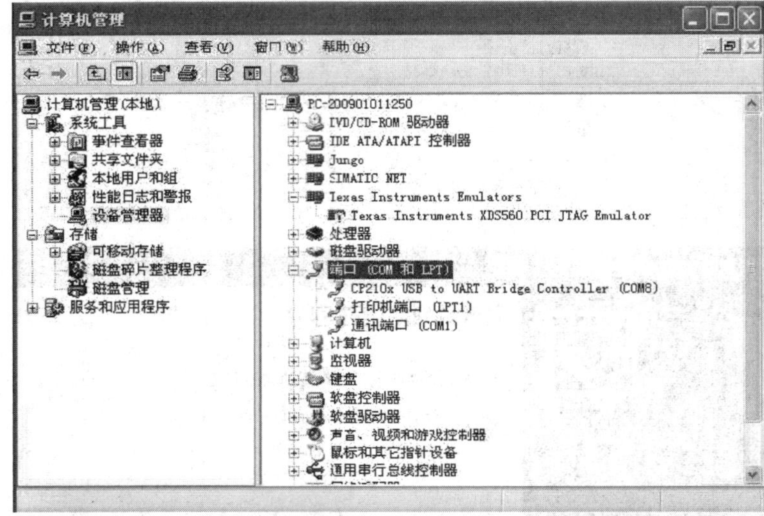

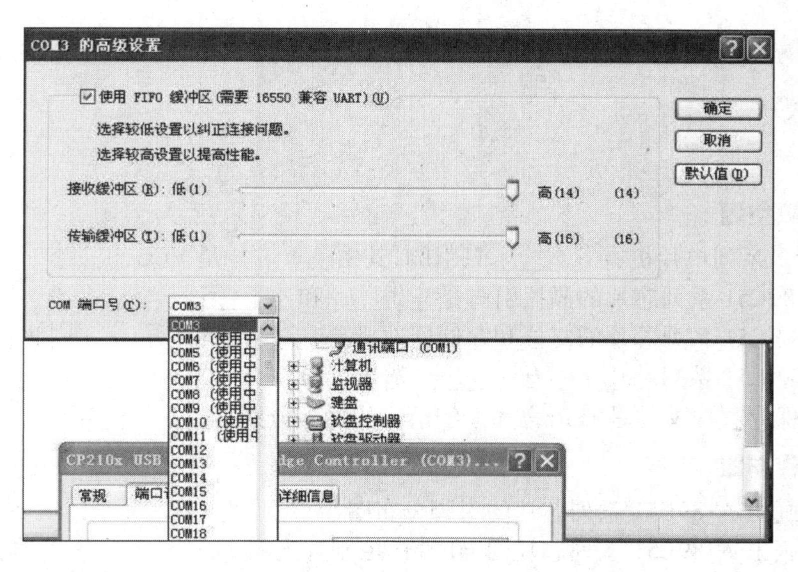

图 1-86

系统已经把 COM2 分配给 USB 虚拟串口,以后您就可以使用此 COM2 口了,如图 1-87 所示。

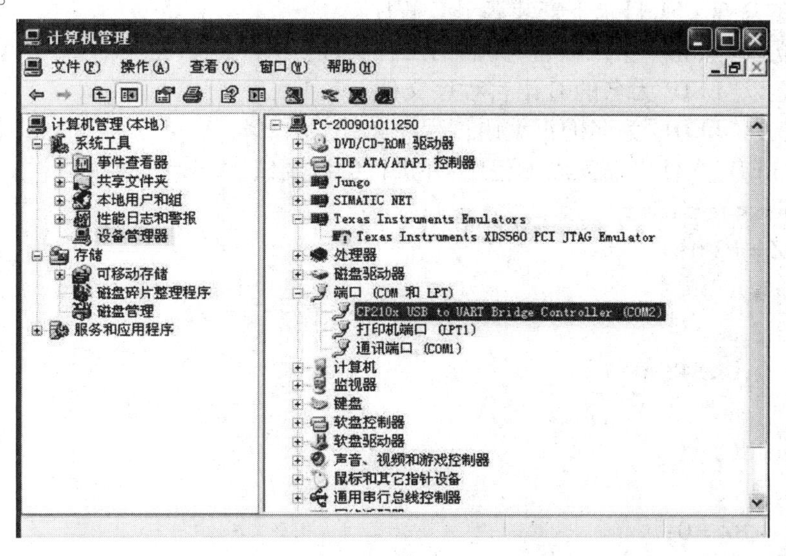

图 1-87

此时,驱动安装完毕。

学习检测

一、填空题

1. 8051 系列单片机有________只引脚，其中________是 VCC，________ VSS。
2. AT89C51 系列芯片的晶振引脚是________和________。
3. AT89C51 系列芯片的复位和存储器选择是________和________引脚。
4. AT89C51 系列芯片一共有________输出端口。
5. 在保存程序文件是 C 语言和汇编语言的后缀分别是________和________。

二、作图题

1. 请画出 AT89C51 系列芯片的引脚分布图。
2. 请画出 AT89C51 系列芯片的 P0 端口控制灯光图。
3. 请画出 AT89C51 系列芯片的 P3.5 控制发光二极管图。

三、操作题

1. 请在 D 盘 C51 目录下安装 Keil C 程序。
2. 建立以"点亮一个二极管"为名的工程文件。
3. 建立以"LED"为名的 C 语言程序文件。
4. 建立以"LED1"为名的汇编语言程序文件。
5. 在"LED"文件中输入以下程序：并进行编译调试。

```
#include <reg51.h>
sbit BZ = P2^0;
void delay()
{int i;
for(i=0;i<548;i++);
}
void main()
{while(1)
   {     BZ=0;
       delay();
       BZ=1;
       delay();
             }
                  }
```

6. 生成以 LED 命名的可执行文件。
7. 把"蜂鸣器"可执行文件下载到芯片中。

项目2 灯光控制

情景创设

在我们的日常生活中到处都可以看到五颜六色的霓虹灯、手机上面的跑马灯等,其实它就是单片机的一些简单应用,如图2-1所示。

(a)霓虹灯

(b)手机灯

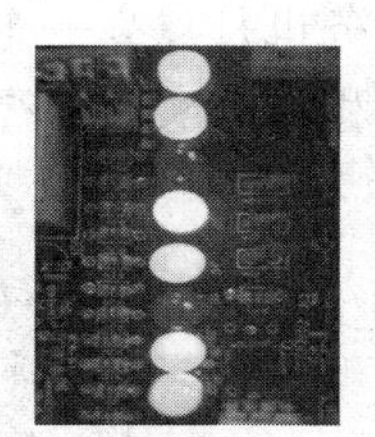
(c)实验板灯光图

图2-1 灯光控制效果图

前面我们已经对单片机的基本知识进行了学习,下面就对单片机怎样来控制灯光的知识进行学习。

知识目标

熟悉发光二极管与P0~P3端口的连接。

熟悉定时/计数器。

能力目标

会编程控制P1.1口灯的亮灭。

会编程控制P1口灯顺逆发光。

会用定时/计数器控制LED间隔发光时间。

任务1　点亮一个LED

一、任务引入

任何一个单片机爱好者,都是从点亮一个LED开始单片机学习的。今天的第一个任务也是点亮一个LED,大家先看看点亮一个LED的效果。要注意的是,这是通过编写程序来实现点亮一个LED的,而不是直接给LED加电压使其发光,如图2-2所示。

图2-2　点亮一个LED效果图

二、任务要求

(1)会识别一个LED电路原理图。

(2)能正确安装元件。

(3)知道程序流程图及结构。

(4)会置P1.1端口为低电平。

三、准备工作

1. 器材准备

(1)上一任务电路板一块。

(2)一个 LED 电路器材,如图 2-3 所示。

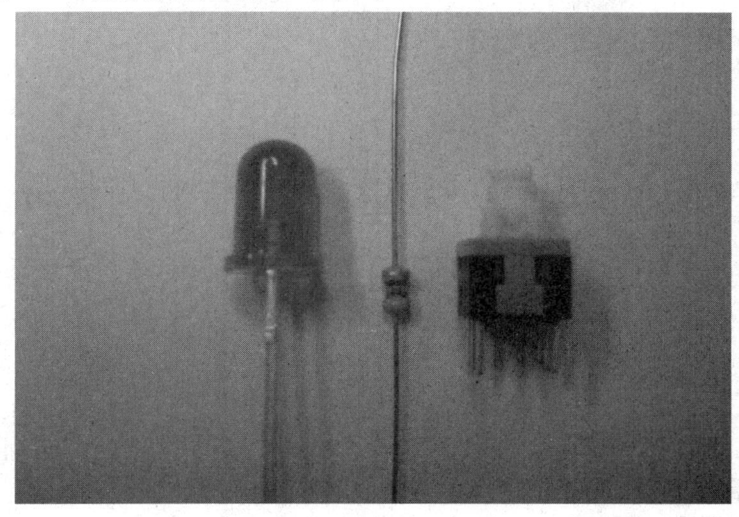

图 2-3　器材准备图

(3)一个 LED 电路原理图。

2. 工具准备

安装工具一套。

四、作业流程图

器材准备好后请按图 2-4 进行作业。

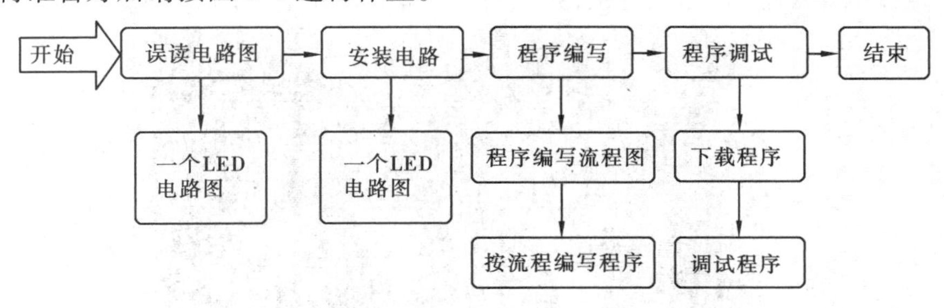

图 2-4　点亮一个 LED 控制作业流程图

五、作业过程

1. 识读电路图

点亮一个 LED 控制电路图如图 2-5 所示。

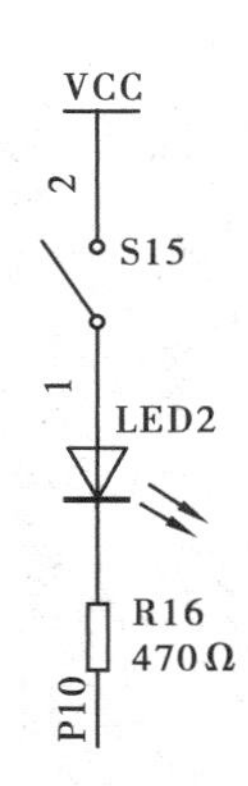

图 2-5　一个 LED 电路图

2. 安装一个 LED 电路

(1)对器材进行检测。

(2)先根据原理图把元件找到对应的位置,置于表 2-1 中。

表 2-1　元件安装表

名称	参数	数量	符号
发光二极管	红色	1 个	LED2
电阻	470 Ω	1 只	R16
开关	—	1 个	S15

(3)按电路图进行安装、焊接,完成后如图 2-6 所示。

图 2-6　安装完成图

3. **编写控制程序**

(1)点亮一个 LED 按如下流程执行程序,如图 2-7 所示。

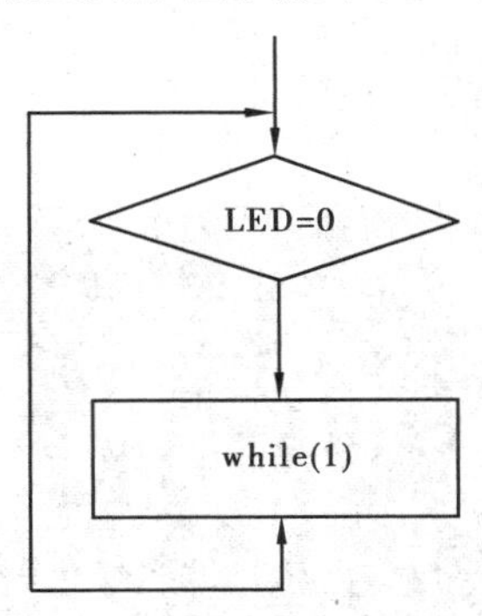

图 2-7　程序流程图

(2)源程序

```
#include < reg51. h >          //头文件
sbit LED = P1^0;               //定义 P1 口的 1 口为 LED
void main( )                   //是主函数的函数名,表示这是一个主函数。每
                               //一个 C 源程序都须有,且只能有一个主函数
{
   LED =0;                     //P1. 1 端口置低电平,点亮 LED
   while(1);                   //无限循环
}
```

4. **程序调试**

(1)下载程序

将程序下载到芯片中。

(2)调试程序

程序正常后效果如图 2-8 所示。

在这个任务中安装了一个 LED 电路,学会了设置端口的低电平来点亮 LED,知道程序的基本结构并了解 sbit while( )指令的用法。

LED 为什么会亮?

做一做

用其他方式下载程序观察效果。

图 2-8　程序效果图

自评

项目内容	完成要求	分配分值	完成情况	自评分值
焊接基本电路	元件对应位置安装	20 分		
	元件高度一致	10 分		
	元件水平安装水平	10 分		
	元件垂直安装垂直	10 分		
编写程序	程序结构正确	10 分		
	源程序正确	20 分		
	调试程序正确	20 分		

知识探究

1. I/O 口控制原理

由图 2-5 可知，LED2 的正极通过 S15 连接到 VCC，负极通过限流电阻连接到单片机的 I/O 口。因此,要使 LED 发光,只需按下 S15 并把 I/O 口置成低电平即可。所以最终我们对 LED2 的控制变成了对一个 I/O 口的控制。把 P1.0 口设置成低电平,就能点亮 LED2。

2. 位定义

在 80C51 单片机的内部数据存储器中,20H ~ 2FH 为位操作区域,其中每位都有自己的位地址,可以对每一位进行位操作。也可以对 P0 ~ P3 口每一个端口进行位定义。

3. 流程图

流程图表示算法,直观形象,易于理解。

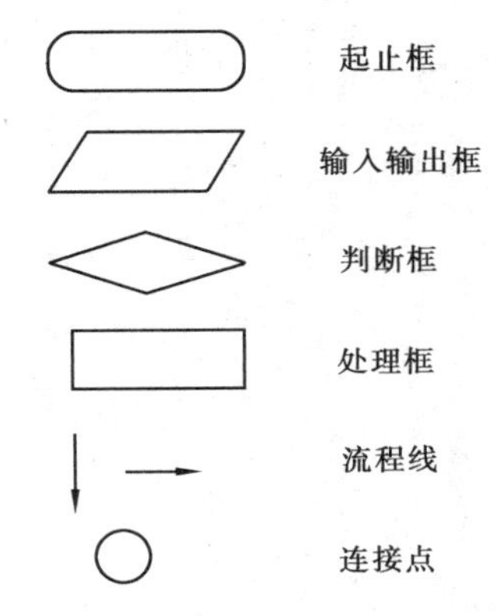

4. 循环控制

循环控制结构是程序中的另一个基本结构。在实际问题中,常常需要进行大量的重复处理,循环结构可以使我们只写很少的语句,而让计算机反复执行,从而完成大量类同的计算。

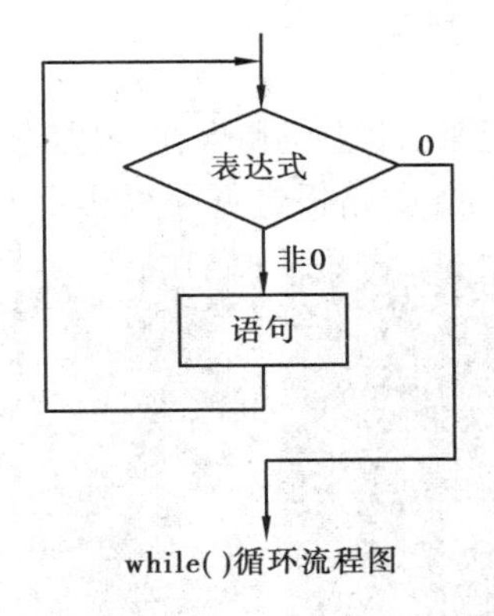

while( )循环流程图

5. 书写程序规则

从书写清晰,便于阅读、理解、维护的角度出发,在书写程序时应遵循以下规则:

(1) 一个注释或一个语句占一行。

```
#include <reg51.h>                    //头文件
```

(2) 用{}括起来的部分,通常表示了程序的某一层次结构。{}一般与该结构语句的第一个字母对齐，并单独占一行。

```
void main()
{
  LED=0;                    //点亮 LED
  while(1);                 //无限循环
}
```

(3)低一层次的语句可比高一层次的语句缩进若干格后书写，以便看起来更加清晰，增加程序的可读性。

```
{一层

    {二层
      {
          ⋮
      }
    }
}
```

任务2　一个 LED 闪烁

一、任务引入

这一个任务让 LED 闪动起来，即让亮和灭在一段时间内交替出现。这一节课没有安装电路的任务，直接对上一任务电路板进行编程实现 LED 的闪烁，如图 2-9 所示。

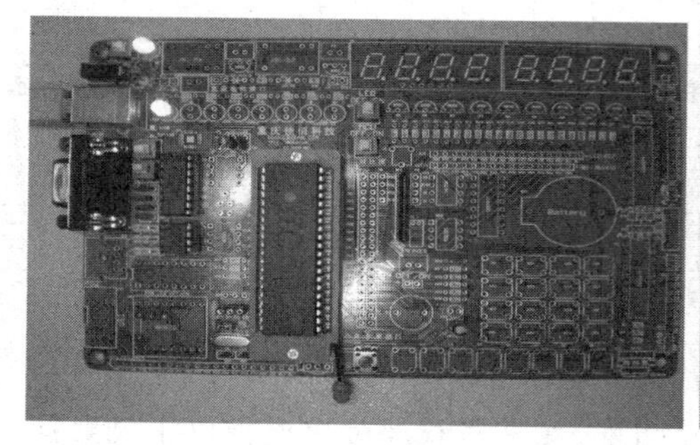

(a)LED亮

(b)LED灭

图 2-9　一个 LED 闪烁效果图

二、任务要求

(1)会设置端口高低电平。
(2)知道程序执行步骤。
(3)会编写延时程序。

三、准备工作

上次任务实验板一块。

四、作业流程图

器材准备好后请按图 2-10 进行作业。

图 2-10　点亮一个 LED 控制作业流程图

五、作业过程

1. 编写控制程序

(1)一个 LED 闪烁按如下流程执行程序,如图 2-11 所示。

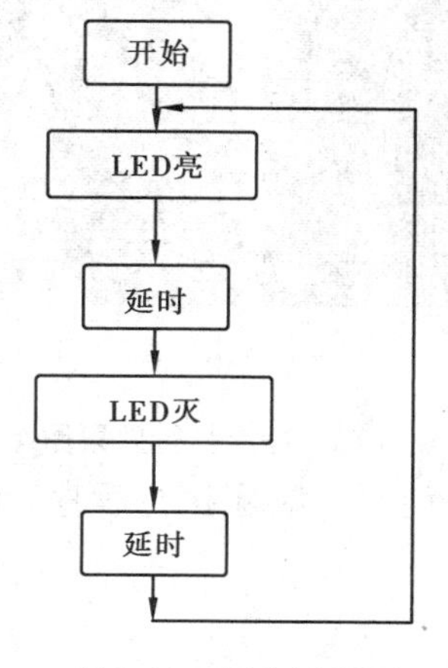

图 2-11　程序流程图

(2)源程序

```
#include <reg51.h>                //头文件。
sbit LED = P1^0;                  //定义 P1 口的 1 口为 LED
void delay(unsigned int i;)       //定义一个延时子程序
{
    while(i--);                   //当 i 减到 0 时,跳出 delay(),执行下一句
}
void main()                       //是主函数的函数名,表示这是一个主函数。
                                  //每一个 C 源程序都必须有,且只能有一个
                                  主函数
{
    LED = 0;                      //点亮 LED
    delay(12500);                 //调用延时子程序
    LED = 1;                      //熄灭 LED
    delay(12500);
    while(1);                     //无限循环
}
```

2. 程序调试

(1)下载程序

将程序下载到芯片中。

(2)调试程序

程序正常后效果如图 2-12 所示。

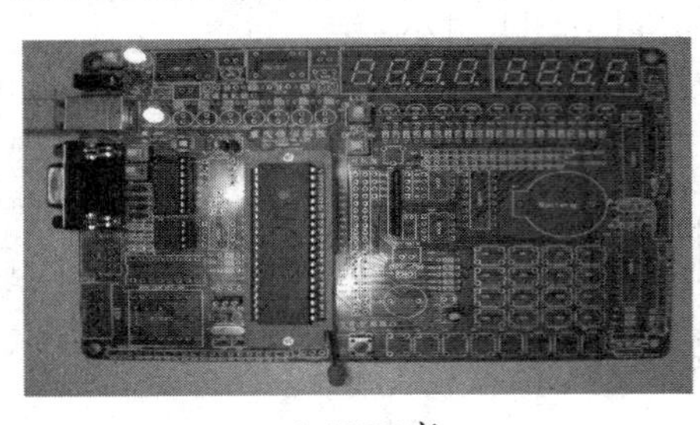

(a)LED亮

(b)LED灭

图 2-12　程序执行效果图

通过本任务知道了程序执行步骤,顺序执行程序,也学会了 while()延时程序的编写。

delay(12500)指令中把12500改成32000再执行程序会有什么现象?

```
把程序LED=0;
      Delay(12500);
改成  LED=0;
      delay(12500);
      delay(12500);
```

观看任务效果。

自评

项目内容	完成要求	分配分值	完成情况	自评分值
编写程序	程序结构正确	10分		
	源程序正确	50分		
	调试程序正确	40分		

1. **延时子程序**

下面的语句构成的是一个子程序,往往在复杂的程序中,会有多个子程序,便于在主程序中调用,从而简化程序的复杂性。本次任务中的delay(),就是调用了延时子程序。

```
void delay(unsigned int i;)           //定义一个延时子程序
{
        while(i--);                   //当i减到0时,跳出delay(),执行下一句
}
```

2. do-while **语句**

学了while的用法后,我们进一步学习do-while语句的用法,它的一般形式为:

```
    do
        语句
```

while(表达式);

这个循环与 while 循环的不同在于:它先执行循环中的语句,然后再判断表达式是否为真。如果为真则继续循环;如果为假,则终止循环。因此,do-while 循环至少要执行一次循环语句。其执行过程可用下图表示。

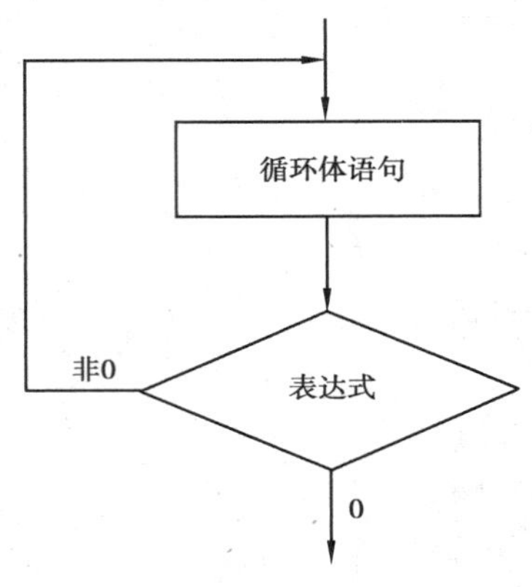

例:求 1 累加到 100 的和。

```
main()
{
    int i,sum =0;
    i =1;
    do
        {
            sum = sum + i;
            i ++ ;
        }
    while(i < =100)
    printf("%d\n",sum);          //输出函数,把最后加的结果输出到屏幕上
}
```

任务 3　流水灯

一、任务引入

我们要实现的目标是:使 8 个编号为 2 ~ 9 的 LED 从 LED2 开始亮起,每次只点亮一个,并按顺序往 LED9 移动,结束后再次从头开始。效果如图 2-13 所示。

图 2-13　流水灯效果图

二、任务要求

(1)会识别 8 个 LED 电路原理图。
(2)能正确安装元件。
(3)会端口二进制数据的算法。
(4)能把二进制转换成十六进制。

三、准备工作

1. 器材准备

(1)上一任务电路板一块,如图 2-14 所示。

图 2-14　电路板图

(2)8 个 LED 电路器材,如图 2-15 所示。

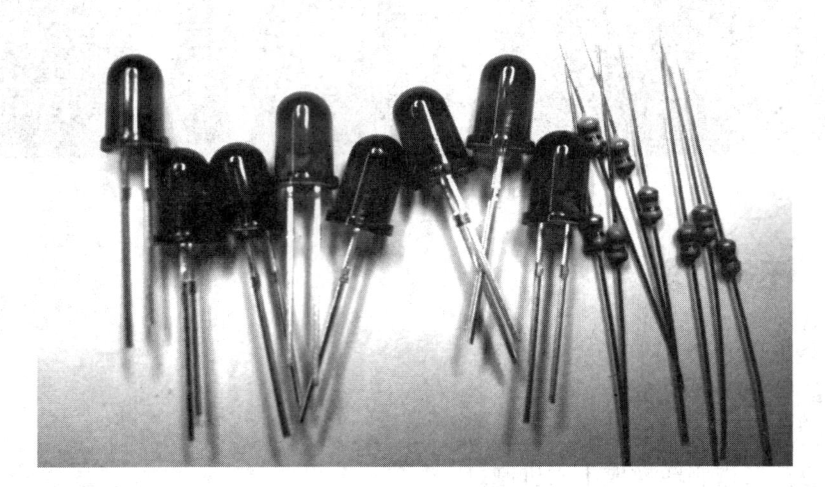
图 2-15　器材准备图

(3)8 个 LED 电路原理图。

2. **工具准备**

安装工具一套。

四、作业流程图

器材准备好后请按图 2-16 进行作业。

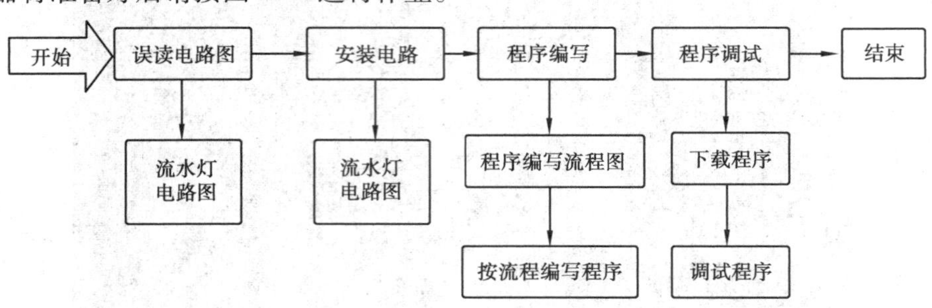

图 2-16　流水 LED 控制作业流程图

五、作业过程

1. **识读电路图**

8 个 LED 控制电路图如图 2-17 所示。

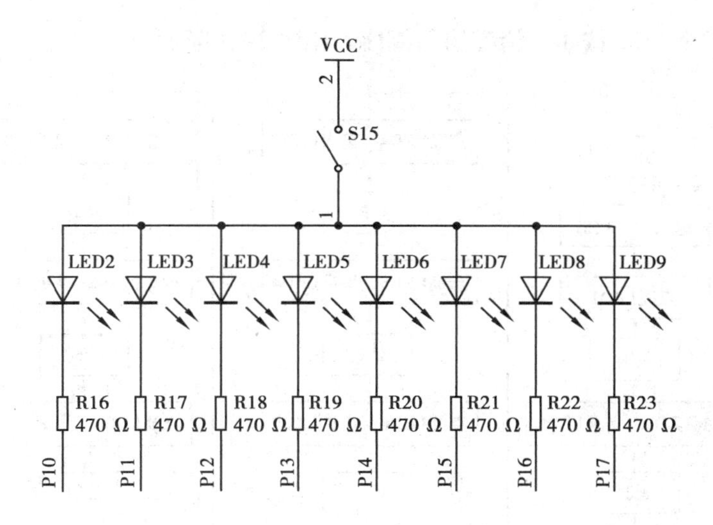

图 2-17　8 个 LED 控制电路图

2. 安装 8 个 LED 电路

(1)对器材进行检测。

(2)先根据原理图把元件找到对应的位置,置于表 2-2 中。

表 2-2　元件清单

名　称	参　数	数　量	符　号
发光二极管	红色	7 个	LED3 ~ LED9
电阻	470 Ω	7 只	R17 ~ R23

注:LED2 在任务 1 已经安装好了,所以元件表中只有 7 个 LED 和电阻。

(3)按电路图进行安装、焊接,完成后如图 2-18 所示。

图 2-18　8 个 LED 电路安装图

3. **点亮** 8 **个** LED **按如下流程执行程序，如图** 2-19 **所示**。

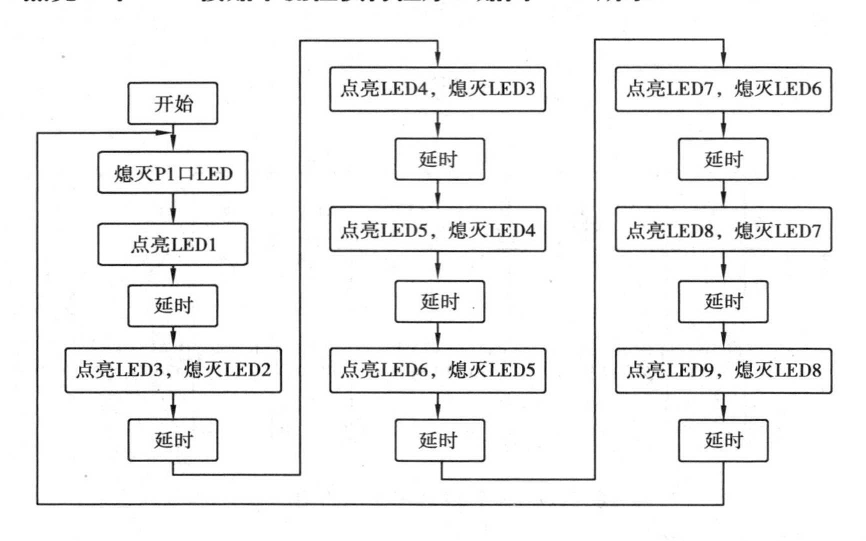

图 2-19　程序流程图

4. **源程序**

```
#include <reg52.h>
sbit LED2 = P1^0;
sbit LED3 = P1^1;
sbit LED4 = P1^2;
sbit LED5 = P1^3;
sbit LED6 = P1^4;
sbit LED7 = P1^5;
sbit LED8 = P1^6;
sbit LED9 = P1^7;
void delay( )
{
  unsigned chari,j;
  for(i =0;i <12530;i ++ );
}
void main( )
{
  while(1)                          //无限循环,也就是通常说的死循环
  {
    P1 =0xff;                       //熄灭 P1 口 LED
    LED2 =0;
```

```
        delay( );
        LED2 =1;                        //熄灭 LED2
        LED3 =0;                        //点亮 LED3
        delay( );                       //延时
        LED3 =1;
        LED4 =0;
        delay( );
        LED4 =1;
        LED5 =0;
        delay( );
        LED5 =1;
        LED6 =0;
        delay( );
        LED6 =1;
        LED7 =0;
        delay( );
        LED7 =1;
        LED8 =0;
        delay( );
        LED8 =1;
        LED9 =0;
        delay( );
    }
}
```

5. **程序调试**

(1)下载程序

将程序下载到芯片中等待调试。

(2)调试程序

程序正常后效果如图 2-20 所示。

通过学习我们进一步了解了程序顺序执行的原理,加深了对编写程序的认识。

本任务的延时程序和上次有什么不同?

图 2-20　流水 LED 效果图

把 LED 从 LED9 依次向 LED2 点亮。

自评

项目内容	完成要求	分配分值	完成情况	自评分值
焊接基本电路	元件对应位置安装	20 分		
	元件高度一致	10 分		
	元件水平安装水平	10 分		
	元件垂直安装垂直	10 分		
编写程序	程序结构正确	10 分		
	源程序正确	20 分		
	调试程序正确	20 分		

1. 实现原理

LED 是低电平点亮，所以实现顺序点亮的二进制数据如下：

LE 序号	LED2	LED3	LED4	LED5	LED6	LED7	LED8	LED9	转换成十六进制
对应 I/O 口	P1.0	P1.1	P1.2	P1.3	P1.4	P1.5	P1.6	P1.7	
全灭状态	1	1	1	1	1	1	1	1	0xff
状态1	0	1	1	1	1	1	1	1	0x7f
状态2	1	0	1	1	1	1	1	1	0xbf
状态3	1	1	0	1	1	1	1	1	0xdf
状态4	1	1	1	0	1	1	1	1	0xef
状态5	1	1	1	1	0	1	1	1	0xf7
状态6	1	1	1	1	1	0	1	1	0xfb
状态7	1	1	1	1	1	1	0	1	0xfd
状态8	1	1	1	1	1	1	1	0	0xfe

2. for 语句

for 语句最简形式如下:

for(循环变量赋初值;循环条件;循环变量增量)语句

循环变量赋初值总是一个赋值语句,它用来给循环控制变量赋初值;循环条件是一个关系表达式,它决定什么时候退出循环;循环变量增量,定义循环控制变量每循环一次后按什么方式变化。这三个部分之间用“;”分开。

例如:

```
for(i=0;i<12530;i++)sum=sum+i;
```

先给 i 赋初值 0,判断 i 是否小于 12530,若是则执行语句,之后值增加 1。再重新判断,直到条件为假,即 i=12530 时,结束循环。

3. 改进程序

这一个程序虽然看到了流水灯效果,但程序太长。可以用新指令来实现这一功能,大大简化程序的复杂性。源程序如下:

```
#include <reg51.h>
void delay()
{
    unsigned int i;
    for(i=0;i<12530;i++);
}
void main()
{
    unsigned char i,temp;            //定义无符号字符型变量 i、temp,取值范
                                     //围 0~255
    P1=0xff;                         //P1 口置 1,熄灭所有 LED
```

```
    while(1)
        {
            temp = 0x01;                //初始化变量 temp 的值为 0x01
            for(i = 0;i < 8;i ++ )      //i 小于 8 时循环
                {
                  P1 = ~temp;           //将 temp 取反后送 P1 口
                  delay( );
                  temp = temp << 1;     // * temp 中的数据左移一位,例如
                                        //00000001 左移一位变成 00000010,for
                                        //语句每执行一次,temp 就左移一位 */
                }
        }
}
```

任务 4　花样灯

一、任务引入

花样灯其实是流水灯的一个延伸,只是让 LED 亮的顺序变得多样化起来,并不是单独的顺序流水,我们这次让 LED 依次从左亮到右,再返回(LED2 ~ LED9,LED9 ~ LED2),效果图如图 2-21 所示。

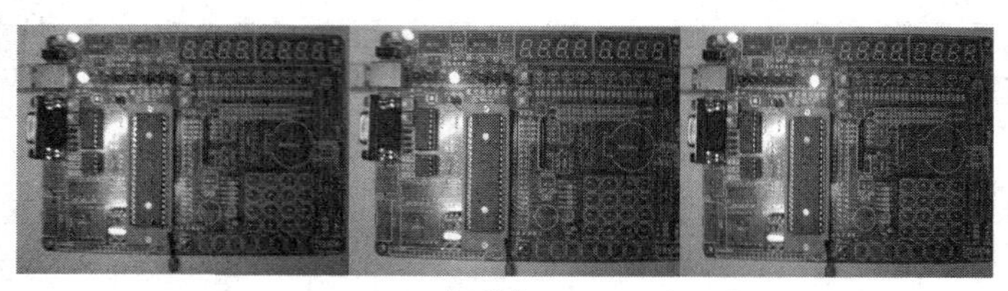

(a)左到右

(b)右到左

图 2-21　花样灯效果图

二、任务要求

(1)熟练端口二进制的算法。
(2)熟练二进制转换成十六进制。
(3)进一步熟悉左移右移指令。

三、准备工作

上次任务实验板一块。

四、作业流程图

器材准备好后请按图2-22进行作业：

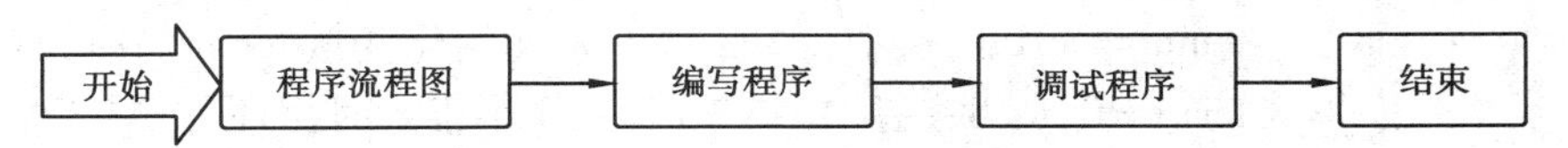

图2-22　花样灯控制作业流程图

五、作业过程

1.编写控制程序

(1)花样灯按如下流程执行程序,如图2-23所示。

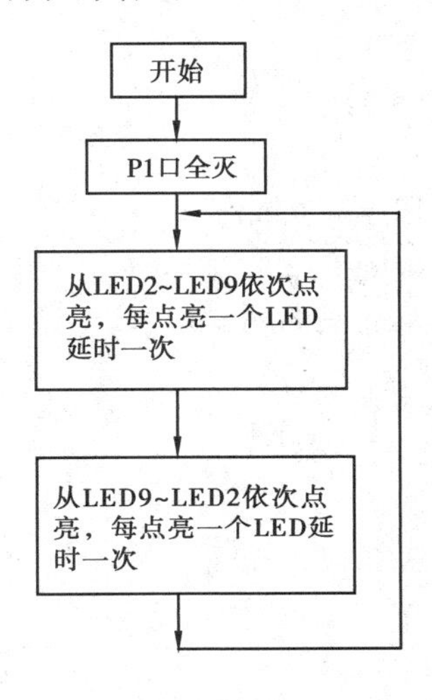

图2-23　程序流程图

(2)源程序

```
#include <reg51.h>
void delay()
{
        unsigned int i;
        for(i=0;i<12530;i++);
}
void main()
{
        unsigned char i,temp;                //定义无符号字符型变量 i、temp,
                                             //取值范围 0~255
        P1=0xff;                             //P1 口置 1,熄灭所有 LED
        while(1)
            {
                temp=0x01;                   //初始化变量 temp 的值为 0x01
                for(i=0;i<8;i++)             //i 小于 8 时循环
                    {
                        P1= ~temp;           //将 temp 取反后送 P1 口
                        delay();
                        temp=temp<<1;        /* temp 中的数据左移一位,例如
                                             //00000001 左移一位变成
                                             //00000010,for 语句每执行一次,
                                             //temp 就左移一位 */
                    }
                for(i=0;i<8;i++)
                    {
                        P1= ~temp;
                        delay();
                        temp=temp>>1;        //temp 中的数据右移一位
                    }
            }
    }
```

2. 程序调试

(1)下载程序

将程序下载到芯片中。

(2)调试程序

程序正常后效果如图 2-24 所示。

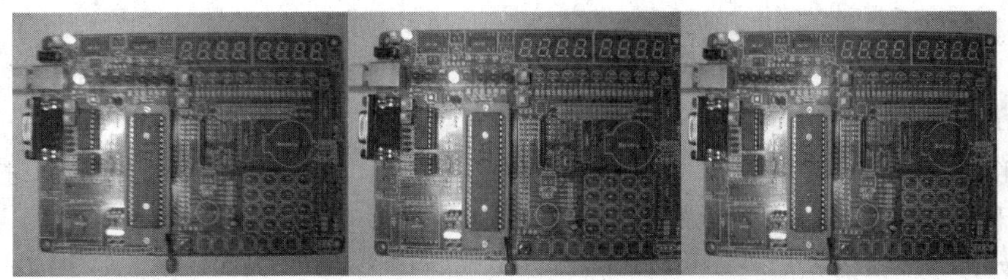

(a)左到右

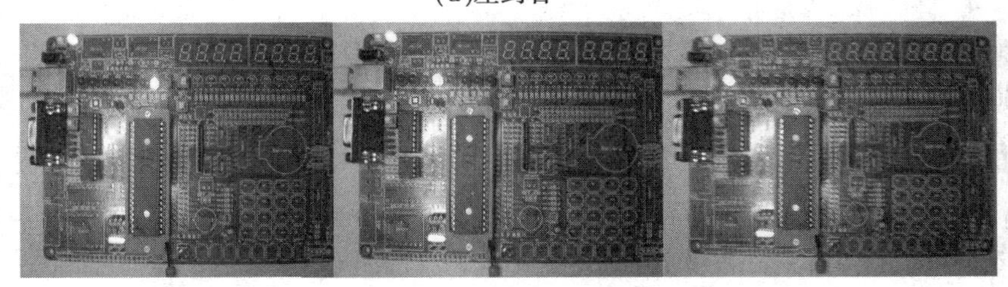

(b)右到左

图 2-24 花样 LED 效果图

这实际就是一个顺逆流水灯，通过编写程序，让我们更熟练地掌握左移右移指令。

想一想

把指令 for(i=0;i<8;i++)改写成 for(i=0;i<4;i++)会有什么现象？

做一做

让 LED 从 LED2～LED5 与 LED9～LED6 进行流水，相碰后再返回，无限循环。

自评

项目内容	完成要求	分配分值	完成情况	自评分值
编写程序	程序结构正确	10 分		
	源程序正确	50 分		
	调试程序正确	40 分		

1. **左移运算**

左移运算符“<<”是双目运算符。其功能把“<<”左边的运算数的各二进位全部左移若干位,由“<<”右边的数指定移动的位数,高位丢弃,低位补0。

例如:

a<<4

指把a的各二进位向左移动4位。如a=00000011(十进制3),左移4位后为00110000(十进制48)。

2. **右移运算**

右移运算符“>>”是双目运算符。其功能是把“>>”左边的运算数的各二进位全部右移若干位,“>>”右边的数指定移动的位数。

例如:

设　a=15,

a>>2

表示把000001111右移为00000011(十进制3)。

应该说明的是,对于有符号数,在右移时,符号位将随同移动。当为正数时,最高位补0,而为负数时,符号位为1,最高位是补0或是补1取决于编译系统的规定。Turbo C和很多系统规定为补1。

3. **逻辑运算符及其优先次序**

C语言中提供了三种逻辑运算符:

1)&&　与运算

2)||　或运算

3)!　非运算

与运算符“&&”和或运算符“||”均为双目运算符。具有左结合性。非运算符“!”为单目运算符,具有右结合性。逻辑运算符和其他运算符优先级的关系可表示如下:

!(非)
算术运算符
关系运算符
&&和||赋
值运算符

!(非)→&&(与)→||(或)

“&&”和“||”低于关系运算符,“!”高于算术运算符。

按照运算符的优先顺序可以得出:

a > b&&c > d 等价于(a > b)&&(c > d)

! b == c||d < a 等价于((! b) == c)||(d < a)

a + b > c&&x + y < b 等价于((a + b) > c)&&((x + y) < b)

任务5　定时/计数器精确定时灯闪烁时间

一、任务引入

定时/计数器是单片机系统的一个重要部件,这次任务就是用它来定时 P1 端口 8 个 LED 闪烁的时间间隔。从图上我们看到的效果和任务 2 是一样的,但在实际电路板上,可以看到亮灭的时间间隔是有变化的,它的效果如图 2-25 所示。

图 2-25　延时 50 msLED 闪烁效果图

二、任务要求

(1)知道定时计数器的工作方式。

(2)会初始化定时计数器。

(3)会编写延时程序。

三、准备工作

上次任务实验板一块。

四、作业流程图

器材准备好后请按图 2-26 进行作业。

图 2-26　8 个 LED 闪烁控制作业流程图

五、作业过程

1. 编写控制程序

(1)一个 LED 闪烁按如下流程执行程序,如图 2-27 所示。

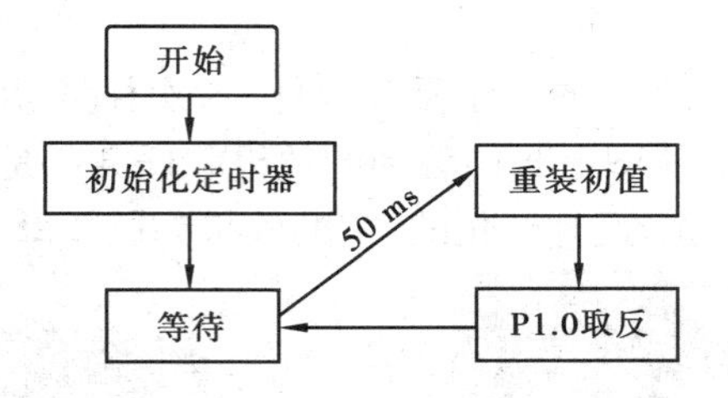

图 2-27　程序流程图

(2)源程序

```
#include <reg51.h>
sbit LED = P1^0;
void main()
{
    P0 = 0xff;
    EA = 1;
    ET0 = 1;
    TMOD = 0x01;
    TH0 = -50000/256;
    TL0 = -50000%256;
    TR0 = 1;
    for(;;);
}
/*定时计数器0的中断服务子程序*/
void intserv1 interrupt using 1
{
    TH0 = -50000/256;
    TL0 = -50000%256;
```

```
    LED = ! LED;
}
```

2. 程序调试

(1)下载程序

将程序下载到芯片中。

(2)调试程序

程序正常后效果如图 2-28 所示。

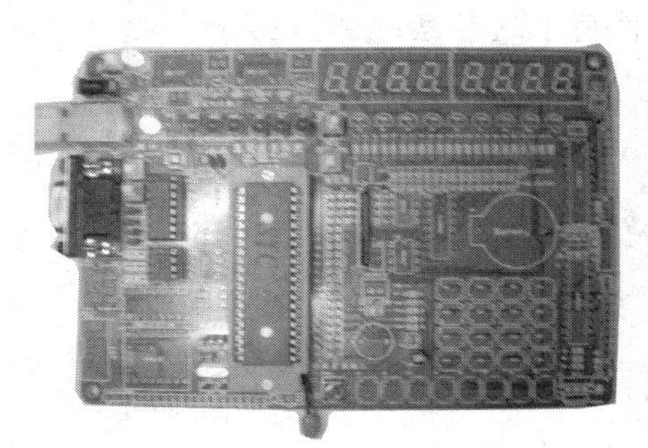

图 2-28　时间精确控制效果图

我们知道了定时器的几种工作方式,T0、T1 定时器的初始化,计算延时时间。

让 P1 口全部闪烁起来并延时 1 s。

时间间隔 1 s,让 P1 口的灯依次全亮,11111110,11111100,11111000….

自评

项目内容	完成要求	分配分值	完成情况	自评分值
编写程序	程序结构正确	10 分		
	源程序正确	50 分		
	调试程序正确	40 分		

1. 什么是中断?

先打个比方。当一个经理正处理文件时,电话铃响了(中断请求),不得不在文件上做一个记号(返回地址),暂停工作,去接电话(中断),并指示"按第二方案办"(调中断服务程序),然后,再静下心来(恢复中断前状态),接着处理文件……。计算机科学家观察了类似实例,"外师物化,内得心源",借用了这些思想、处理方式和名称,研制了一系列中断服务程序及其调度系统。

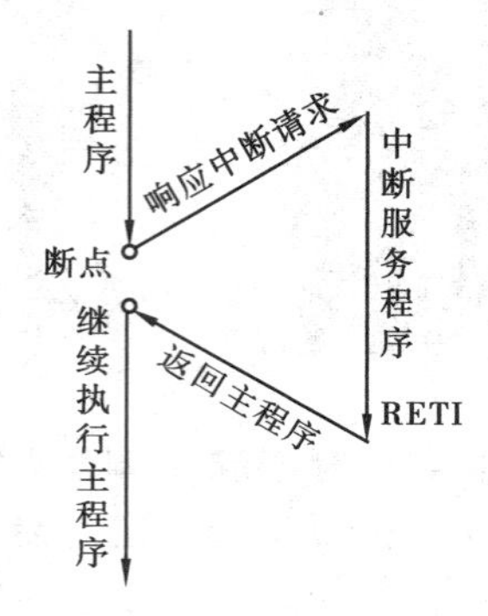

2. 定时/计数器工作方式寄存器 TMOD

TMOD 用于设定定时/计数器的工作方式和工作模式。低 3 位用于 T0,高 4 位用于 T1,TMOD 结构的各位名称、功能见表 2-3。

表 2-3　TMOD 寄存器结构

TMOD 寄存器结构							
D7	D6	D5	D4	D3	D2	D1	D0
GATV	C/T	M1	M0	GATV	C/T	M1	M0
T1 方式字段				T0 方式字段			

M1M0 工作方式选择位,两位二进制位可表示 4 种状态,具体功能见表 2-4 所示。

表 2-4　工作方式选择

T0	T1	工作方式	功　能
TMOD = 0x00	TMOD = 0x00	方式 0	13 位计数器
TMOD = 0x01	TMOD = 0x10	方式 1	16 位计数器
TMOD = 0x02	TMOD = 0x20	方式 2	两个 8 位计数器,初值自动装入
TMOD = 0x03	TMOD = 0x30	方式 3	两个 8 位计数器,仅适用于 T0

3. **定时/计数器**

8051 系列单片机内部设置了两个 16 位可编程的定时/计数器 T0 和 T1，具有计数器和定时两种功能，提供 4 种工作模式。由于 8051 定时/计数器是随机器周期或外部计数递增，并在定时/计数器溢出时产生中断的，因此给定时器赋适当的初值，可以控制定时器的时间。设需要的初值为 X，定时器位数为 n，计算定时常数的公式如下：

$X=(2^n-\text{计数初值})\times\text{晶振周期}$ 或 $X=(2^n-\text{计数初值})\times\text{机器周期}$

例如，如果系统中使用的单片机晶振频率为 12 MHz，可以计算到：

机器周期 $=12/\text{晶振频率}=12/(12\times12^{-5})=1\ \mu s$

使用定时器模式 1，16 位定时器，定时时间为 10 ms，计算定时常数如下：

$X=2^n$

将其转换为十六进制，X = D8F0H，因此初值应设为 TH0 = D8H，TL0 = F0H。

4. **使用定时器** T0

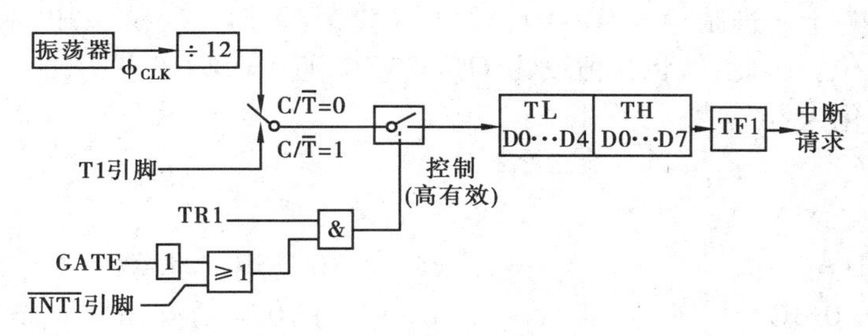

工作模式 0

使用 51 单片机的定时控制，定时时间应为 5 ms，如果晶振频率为 12 MHz 使用工作模式 0，可以求得定时时间 X 如下：

$$X=2^n-(5\times10^{-3})/(1\times10^{-6})=3\ 192$$

将其转化为十六进制，X = 0C78H。对 13 位定时器，51 使用的 TH0 的高 5 位和整个 TL0 的低 8 位。因此，就将初值设为 TH0 = 60H，TL0 = 78H。

程序初始化为

```
void main()
{
  TMOD = 0x0D;                    //T0 使用定时模式，工作模式 0
  TH0 = 0x60;                     //为 T0 赋初值，定时时间 5 ms
  TL0 = 0x78;
  ET0 = 1;                        //允许 T0 中断
  TR0 = 1;                        //开启定时器 T0
  EA = 1;                         //开启总中断
     ⋮
}
```

5. **使用定时器** T1

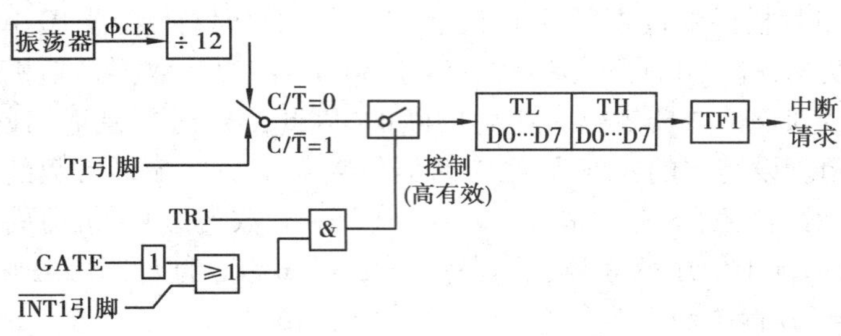

工作方式1

使用51单片机的定时控制，定时时间应为 50 ms，如果晶振频率为 12 MHz，使用工作模式 1，可以求得定时时间 X 如下：

$$X=2^{n}-(5\times10^{-3})/(1\times10^{-6})=3CB0$$

将其转化为十六进制，$X=3CB0H$，对 16 位定时器，51 使用的 TH0 的高 8 位和整个 TL0 的低 8 位。因此，就将初值设为 TH0 = 3CH，TL0 = B0H。

程序初始化为：

```
void main( )
{
    TMOD =0x10;                         //T0 使用定时模式,工作模式 0
    TH1 =0x3C;                          //为 T0 赋初值,定时时间 5 ms
    TL1 =0xB0;
    TR1 =1;                             //开启定时器 T0
    ET1 =1;                             //允许 T1 中断
    EA =1;                              //开启总中断
    ⋮
}
```

任务6　PWM 控制灯亮度

一、任务引入

当你在街头、城市中穿行时经常会被漂亮多彩的广告吸引。那些广告有的灯光忽明忽暗、有的灯光逐渐变亮花样繁多。其实这都是用单片机控制 LED 的亮度发生变化，让其渐亮或渐灭。下面我们就来学习如何实现灯光的亮度控制。

二、任务要求

(1)熟悉定时器的初始化。
(2)知道灯光亮度变化的原因。
(3)会编写灯光亮度控制程序。

三、准备工作

上次任务实验板一块。

四、作业流程图

器材准备好后请按图 2-29 进行作业。

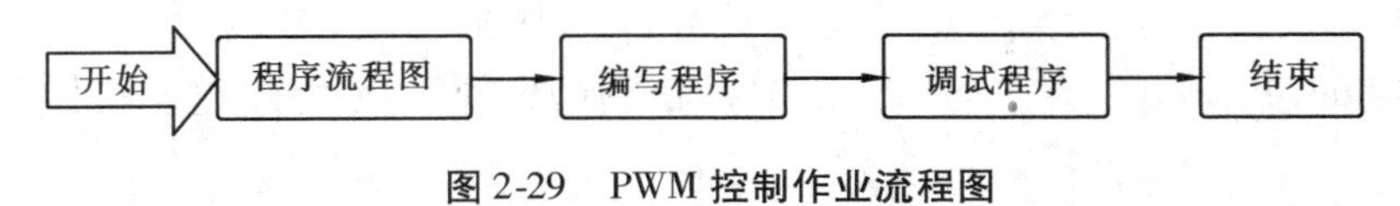

图 2-29 PWM 控制作业流程图

五、作业过程

1. 编写控制程序

(1)PWM 控制按如下流程执行程序,如图 2-30 所示。

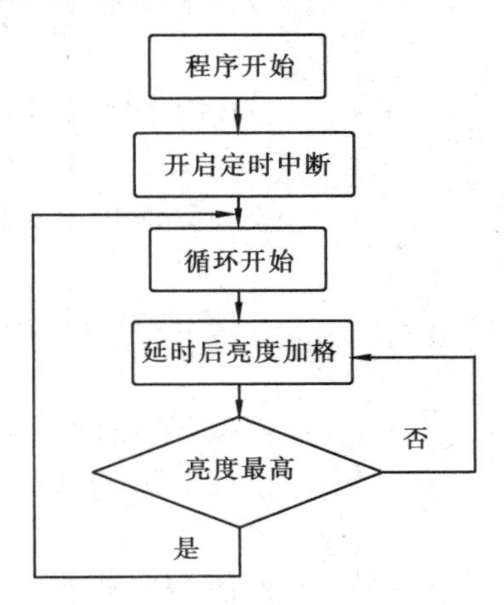

图 2-30 程序流程图

(2)源程序

```
#include <reg51.h>                  //模拟 PWM 输出控制灯的 10 个亮度级
unsigned int scale;                 //占空比控制变量
sbit LED = P1^0;
void main(void)                     //主程序
{
    unsigned int n;                 //延时循环变量
    TMOD = 0x02;                    //定时器 0,工作模式 2(0000,0010),8 位定
                                    //时模式
    TH0 = 0x06;                     //写入预置初值 6 到定时器 0,使 250 μs 溢
                                    //出一次(12 MHz)
    TL0 = 0x06;                     //写入预置值
    TR0 = 1;                        //启动定时器
    ET0 = 1;                        //允许定时器 0 中断
    EA = 1;                         //允许总中断
    while(1)                        //无限循环,实际应用中,这里是做主要工作
    {
      for(n = 0;n < 50000;n ++ );   //每过一段时间,就自动加一个档次的亮度
      scale ++ ;                    //占空比控制变量 scale 加 1
      if(scale == 10) scale = 0;    //如果 scale = 10,使 scale 为 0
    }
}
timer0( ) interrupt 1               //定时器 0 中断服务程序
{
      static unsigned int tt;       //tt 用来保存当前时间在一秒中的比例位置
      tt ++ ;                       //每 250 μs 增加 1
      if(tt == 10)                  //2.5 ms 的时钟周期
      {
        tt = 0;                     //使 tt = 0,开始新的 PWM 周期
      }
      if(scale < tt)                //按照当前占空比切换输出为高电平
      LED = 1;                      //使 LED 灯灭
      else
        LED = 0;                    //使 LED 灯亮
}
```

/*程序中从 tt = 0 开始到 scale 为低电平,从 scale 开始到 tt = 10 为高电平,由于 scale 是变量,所以改变 scale 就可以改变占空比。*/

2. **程序调试**

(1)下载程序

将程序下载到芯片中。

(2)调试程序

程序正常后,LED 亮度就会随程序运行时间发生改变。LED 的亮度会越来越亮、直到“tt”得到设定值,LED 熄灭后从新开始。

通过本任务加深对定时器的了解,对 PWM 调光有了一定的认识。

你会编写灯光亮度控制手动程序吗?

编写灯光控制逐渐变暗控制程序。

自评

项目内容	完成要求	分配分值	完成情况	自评分值
编写程序	程序结构正确	10 分		
	源程序正确	50 分		
	调试程序正确	40 分		

这是一种利用简单的数字脉冲,反复开关白光 LED 驱动器的调光技术。应用者的系统只需要提供宽、窄不同的数字式脉冲,即可简单地实现改变输出电流,从而调节白光 LED 的亮度。

1. 点亮 P1 口的 LED3、LED5、LED7、LED9 四个 LED。

2. 先让 P1 口灯全亮，再从 LED2 ~ LED9 依次熄灭。

3. 让 P1 口灯顺流水，再闪烁两次，再逆流水，无限循环。

4. 在 P1.0 端口上接一个发光二极管 L1，使 L1 在不停地一亮一灭，一亮一灭的时间间隔为 0.2 s。

项目3 按键控制

情景创设

在一个单片机系统中，为了实现人对单片机的控制，按键是最常用的输入设备之一，分为独立键盘和行列式（又称为矩阵式）键盘。在灯光控制的学习中，通过简单的控制可以让LED实现多种模式的变化，但真正要实现人为的实时控制，还需要用按键来实现。在生活中，按键作为输入设备来对单片机进行控制比比皆是，如图3-1所示。

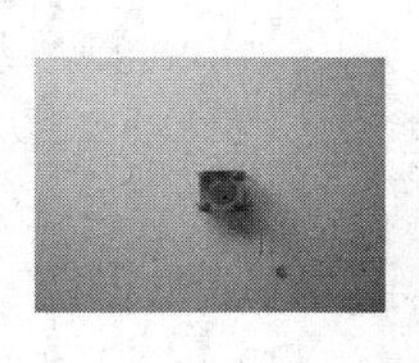

(a)独立按键

(b)矩阵按键（键盘）

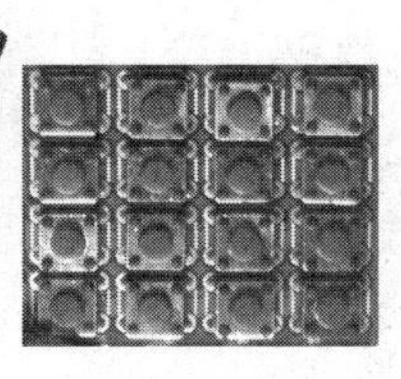

(c)实验板按键

图3-1 按键应用实例

为了实现多个按键的输入识别和控制，先要学习并理解单个按键的输入与程序的编写方法，理解其控制原理，最后再学习对多个按键的控制和处理。

知识目标

掌握按键与单片机端口的连接方式。

掌握蜂鸣器发声的原理。

外部中断控制方法。

能力目标

会编写一个及多个按键控制LED的亮灭。

会用按键控制蜂鸣器发声。

会用按键外部中断来控制LED。

任务1　一个按键控制

一、任务引入

在灯光控制的学习中,通过简单的程序控制可以让LED实现多种模式的变化,但在变化的过程中却无法对它进行控制。在任务一中将学习如何通过按键来实时控制LED的亮与灭(效果如图3-2所示)。

图3-2　一个按键控制一个LED效果图

二、任务要求

(1)理解一个按键控制LED原理图。
(2)能正确找到并安装S2按键。
(3)能正确编写一个按键控制一个LED的程序。

三、准备工作

1.器材准备

(1)安装电路板一块。
(2)一个独立按键,如图3-3所示。
(3)按键连接原理图。

图 3-3 独立按键

2. **工具准备**

安装工具一套。

四、作业流程图

完成上述工作应按图 3-4 流程进行。

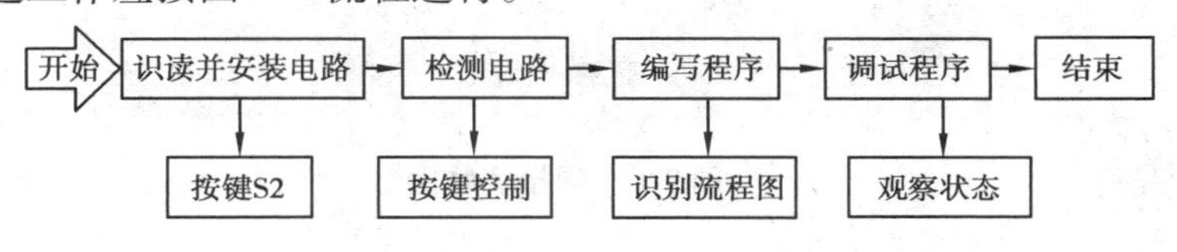

图 3-4 独立按键控制作业流程图

五、作业过程

1. **识读电路图**

按键控制电路如图 3-5 所示。

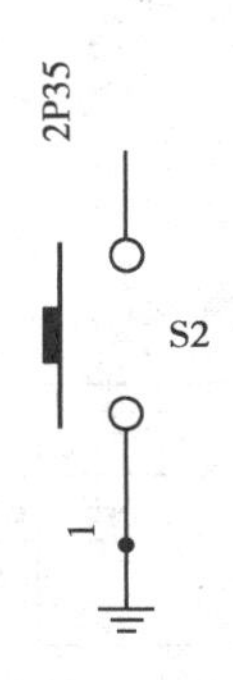

图 3-5 一个按键原理图

2. 安装按键电路

(1)对器材进行检测。

(2)根据原理图找到元件对应的位置,如表 3-1 所示。

表 3-1　元件列表

名　称	参　数	数　量	符　号
按键	红色	1 个	S2

(3)按电路图进行安装、焊接,完成后如图 3-6 所示。

图 3-6　焊接实物图

3. 编写控制程序

(1)独立按键程序流程图,如图 3-7 所示。

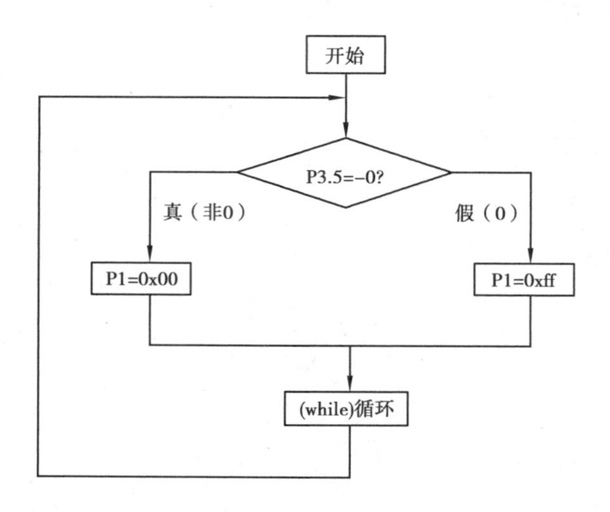

图 3-7　独立按键判断流程图

(2)源程序代码

```
/*
一个按键控制8个LED的亮灭。
实现功能:利用if语句的第2种基本形式来实现当按下按键S2时8个LED亮,松开按键时8个LED灭。
*/
#include <at89x52.h>                 //头文件
sbit P35 = P3^5;                      //位定义

void main(void)                       //主函数
{
  while(1)                            //无限循环
      {
         if(P35 = =0)                 //判断是否按下按键S2
            P1 =0x00;                 //点亮8个LED
         else                         //若没有按下
            P1 =0xff;                 //熄灭8个LED
      }
}
```

4. **程序调试**

(1)下载程序

将程序下载到芯片中。

(2)调试程序

程序正常后效果如图3-8所示。

(a)按下按键

(b)松开按键

图3-8 独立按键调试效果图

在这个任务中学会了通过按键来实现人对单片机的控制方法,掌握了电路的连接方式以及按键对灯光的控制方法。通过程序流程图掌握了编程的思想,学会了编写程序来实现所要想达到的灯光控制效果。

运用 if 语句如何实现按下按键 S2 后 8 个 LED 全亮,第 2 次按下后 8 个 LED 熄灭,如此循环。

采用一个按键来实现 8 个 LED 各种不同模式的流水灯形式。

自评

项目内容	完成要求	分配分值	完成情况	自评分值
焊接基本电路	元件对应位置安装	20 分		
	元件焊接测试	10 分		
程序书写	程序流程图	10 分		
	程序格式	10 分		
	程序编译及创建	20 分		
	程序调试与实现	30 分		

1. if 语句知识拓展

(1)第一种基本形式为:if

if(表达式)语句;

其含义为:如果判断表达式的值为真(非 0),则执行后面的语句,否则就不执行该语句。其过程如图 3-9 所示。

(2)第二种基本形式为:if-else

```
if(表达式)
    语句 1;
 else
    语句 2;
```

其含义为:如果判断表达式的值为真,则执行语句 1,否则就执行语句 2。其过程如图 3-10 所示。

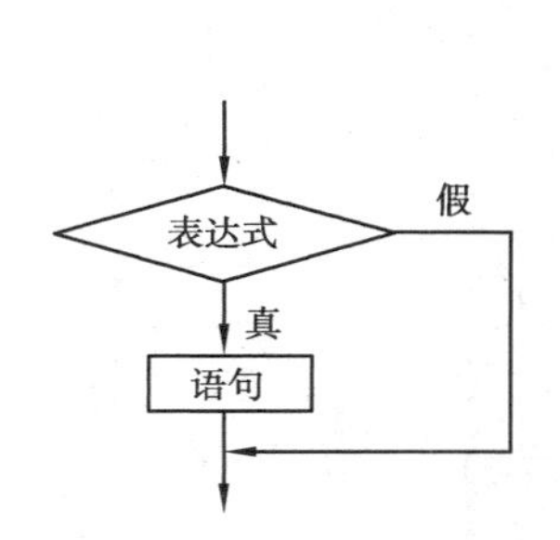

图3-9 第1种if语句执行过程

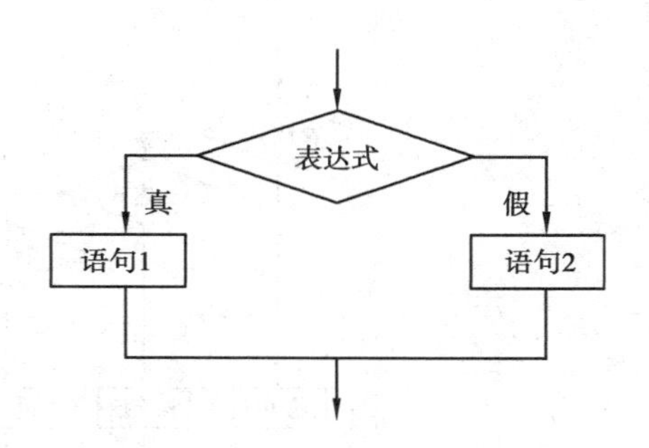

图3-10 第2种if语句执行过程

(3)第三种基本形式为:if-else-if

前两种if语句一般用两个分支的选择,当遇到多个分支选择的情况时,可以采用第3种形式,其一般形式为:

```
if(表达式1)
     语句1;
else if(表达式2)
     语句2;
else if(表达式3)
     语句3;
     ⋮
else if(表达式n)
     语句n;
else
     语句m;
```

其含义为:按照顺序执行的原则,先判断表达式1的值,如果为真,则执行语句1;如果表达式1的值为假,再判断表达式2的值,如果表达式2的值为真,则执行语句2;否则继续判断表达式3的值,并一直这样判断下去。当某个表达式的值为真时,就执行这个表达式后面的语句,执行以后就跳出整个if语句去执行后面的语句。如果所有的表达式都为假,则执行else后面的语句m。其过程如图3-11所示。

2. 关系运算符

用来表示两个表达式之间的大小关系。在运用C语言编写单片机程序中,有以下关系运算符:

(1) <小于 (2) <=小于等于

(3) >大于 (4) >=大于等于

(5) ==等于 (6) !=不等于

值得注意的是,在数学运算中小于等于用"≤"表示,大于等于用"≥"表示,等于用"="表示,不等于用"≠"表示。但是在C语言编写程序中却有所不同。而在进行关系运算时<、<=、>、>=的优先级相同,高于==和!=,==和!=的优先级相同。

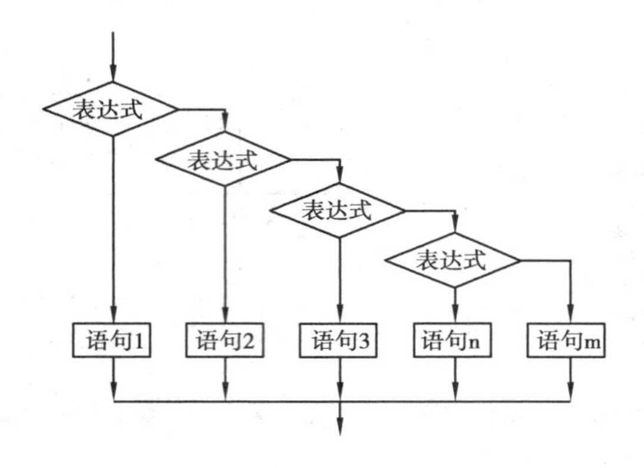

图 3-11　第 3 种 if 语句执行过程

任务 2　多个按键控制

一、任务引入

在实现对单片机的控制中往往通过多个按键来实现某些功能。在学习了一个按键的控制方法以后，在此基础上一起来学习两个甚至多个按键对单片机的控制方法。在这个任务中首先一起来学习两个按键分别对一个 LED 实现点亮和熄灭。具体效果如图 3-12 所示。

图 3-12　多个按键分别控制 LED 点亮和熄灭

二、任务要求

(1)理解两个按键控制 LED 原理图。

(2)能正确安装 S3 ~ S9 按键。

(3)学会编写两个按键控制一个 LED 的程序。

三、准备工作

1. 器材准备

(1)安装电路板一块。

(2)独立按键7个,如图3-13所示。

图3-13 多个按键准备图

(3)按键连接原理图。

2. 工具准备

工具一套。

四、作业流程图

完成本任务按下图3-14流程进行。

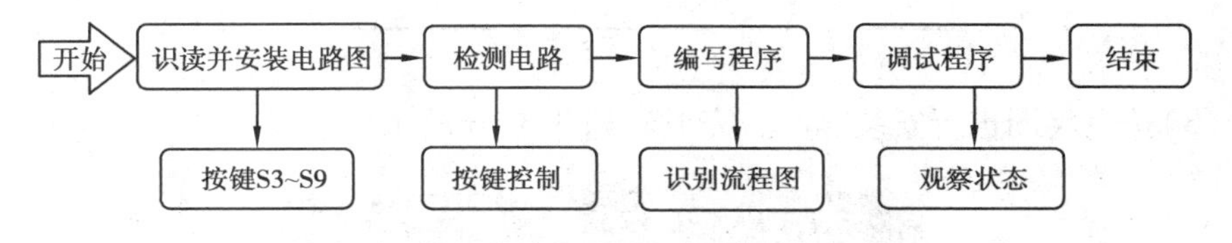

图3-14 多个按键控制作业流程图

五、作业过程

1. 识读电路图

多按键电路如图3-15所示。

2. 安装按键电路

(1)对器材进行检测。

(2)根据原理图找到相应元件在电路板上的位置,见表3-2。

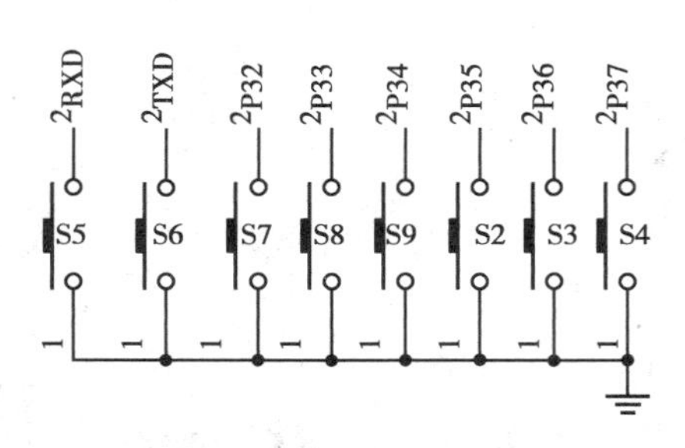

图 3-15　多个按键原理图

表 3-2　元件安装表

名　称	参　数	数　量	符　号
按键	红色	1 个	S2
按键	红色	1 个	S3
按键	红色	1 个	S4
按键	红色	1 个	S5
按键	红色	1 个	S6
按键	红色	1 个	S7
按键	红色	1 个	S8
按键	红色	1 个	S9

(3)按电路图进行安装、焊接,完成后如图 3-16 所示。

图 3-16　安装焊接实物图

3. **编写控制程序**

(1)两个按键程序控制 1 个 LED 流程图如图 3-17 所示。

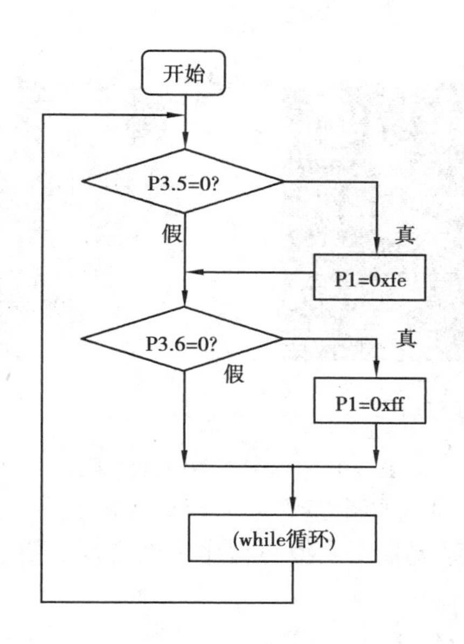

图 3-17　两个按键控制一个 LED 流程图

(2)源程序代码

```
/*
两个按键控制 P0.0 端口 LED 的点亮和熄灭。
当按下 S2 后,P0.0 点亮;当按下 S3 后,P0.0 熄灭。
*/
#include < at89x52.h >                //头文件
  sbit P35 = P3^5;                    //位定义
  sbit P36 = P3^6;                    //位定义
  void main(void)                     //主函数
  {
    while(1)                          //无限循环
    {
      if(P35 = =0)P1 =0xfe;           //判断 S2 是否按下,若按下 LED2 点亮
      if(P36 = =0)P1 =0xff;           //判断 S3 是否按下,若按下 LED2 熄灭
    }
  }
```

4. **程序调试**

(1)下载程序

将程序下载到芯片中。

(2)调试程序

程序正常后效果如图 3-18 所示。

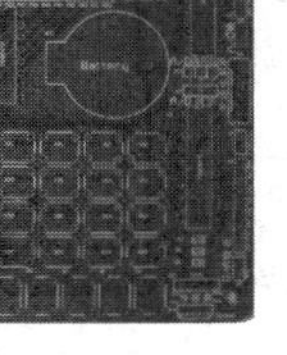

(a)按下S2状态图

(b)按下S3状态图

图3-18 两个按键调试效果图

在这个任务中学会了通过两个按键来实现灯光的控制，掌握了多个按键的连接方式及其工作原理，通过程序流程图来编写程序从而实现所要想达到的灯光控制效果。

想一想

若运用多个按键来实现对LED的控制，如何实现当S2和S3同时按下时P1.0口才点亮，否则熄灭。

做一做

用switch语句来实现多个按键各自控制每种花样流水模式。

自评

项目内容	完成要求	分配分值	完成情况	自评分值
焊接基本电路	元件对应位置安装	20分		
	元件焊接测试	10分		
程序书写	程序流程图	10分		
	程序格式	10分		
	程序编译及创建	20分		
	程序调试与实现	30分		

1. switch 语句

在前一个任务中我们学习了用 if-else-if 语句来实现多个条件的选择，但是我们会发现当使用过多的条件语句来实现多分支时嵌套语句过多，程序冗长而且可读性降低。这时，我们可以选择使用开关语句来实现多分支条件选择。它的一般形式如下：

```
switch(表达式)
    {
    case 常量表达式1:语句1;break;
    case 常量表达式2:语句2;break;
     ⋮
    case 常量表达式n:语句n;break;
    default:语句n+1;
    }
```

其含义是：先计算 switch 后面括号内表达式的值，并将这个值与 case 后面的常量表达式的值进行比较，若两个值相等则执行此 case 后面的语句，再执行 break 语句来跳出整个 switch 语句；若所有 case 后面的常量表达式的值都没有与 switch 后面括号内表达式的值相等，则执行 default 后面的语句。

说明：

(1)在同一个 switch 语句中，case 后面的常量表达式的值必须互不相同，否则就会出现互相矛盾的现象；

(2)各个 case 和 default 的出现次序不会影响执行的结果；

(3)在 case 后面允许出现多个语句，可以不用{}括起来；

(4)多个 case 可以共同使用一个常量表达式；

(5)default 语句可以省略不写；

(6)break 语句是跳转语句，跳出当前的循环体。

其一般形式为：

```
    break;
```

若 case 语句后面没有这个语句，那么执行完这个 case 语句后不会跳出循环而是依次执行 case 后面的其他语句。

2. continue 语句

一般形式为：

```
continue;
```

其含义是：结束本次循环，即跳过循环体中后面还未执行的语句，接着进行下一次是否执行循环的判定。

与 break 语句进行比较，continue 语句是只结束本次循环，而不是跳出整个循环体；而 break 语句是跳出循环体，结束循环体内的所有语句，去执行循环体后面的程序；continue 语句和 break 语句的区别及其执行过程如图 3-19 所示。

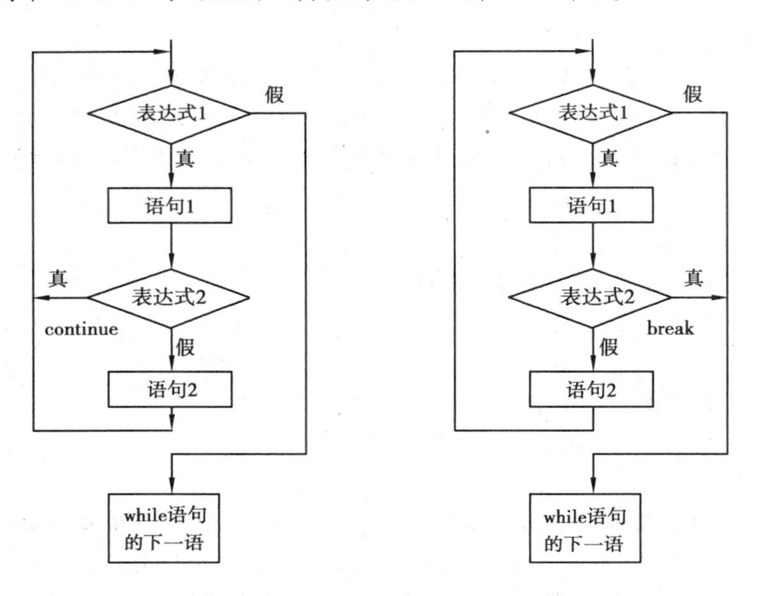

图 3-19　continue 与 break 语句流程图

3. **逻辑运算符**

用来求解条件表达式的逻辑值，用“真”和“假”两种来表示，在关系运算符的运算结果中为“1”和“0”两种相对应。在运用 C 语言编写单片机程序中，有以下逻辑运算符：

(1)&& 逻辑“与”运算(AND)

(2) ‖ 逻辑“或”运算(OR)

(3) ！ 逻辑“非”运算(NOT)

“&&”和“ ‖ ”是双目运算符，具有左结合特征；“!”是单目运算符，具有右结合特征。其中优先级从高到低分别是：！（非）→与（&&）→ ‖（或）。各个运算符之间的优先顺序如图 3-20 所示。

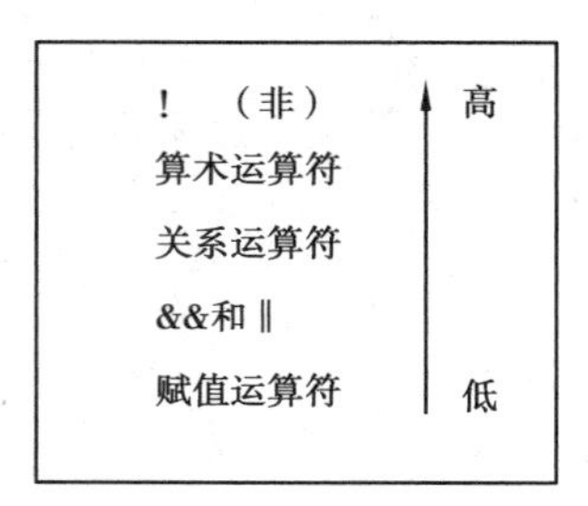

图 3-20　运算符优先级

任务3 蜂鸣器的使用

一、任务引入

蜂鸣器是一种结构简单的电子讯响器(如图3-21所示),只要按极性要求接上直流电压就可以发出具有频率的声音,通过编写程序改变频率还可以发出一些简单的音乐。在单片机系统中常作为报警或提示音使用。在这个任务中将学习如何通过按键控制蜂鸣器发声。

图3-21 蜂鸣器外形

二、任务要求

(1)掌握蜂鸣器硬件电路原理。
(2)根据原理图正确安装个电器元件。
(3)学会编写程序控制蜂鸣器发声。

三、准备工作

1. 器材准备

(1)安装电路板一块。
(2)连接蜂鸣器电路的电器元件,如图3-22所示。

图 3-22　蜂鸣器器材准备图

(3)蜂鸣器连接原理图。

2. **工具准备**

工具一套。

四、作业流程图

完成任务请按图 3-23 进行。

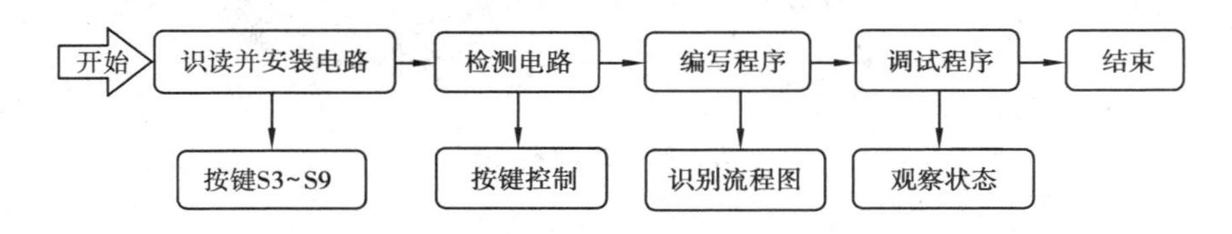

图 3-23　蜂鸣器控制流程图

五、作业过程

1. **识读电路图**

蜂鸣器电路如图 3-24 所示。

2. **安装电路**

(1)对器材进行检测。

(2)根据原理图找到相应元件在电路板上的位置,见表 3-3。

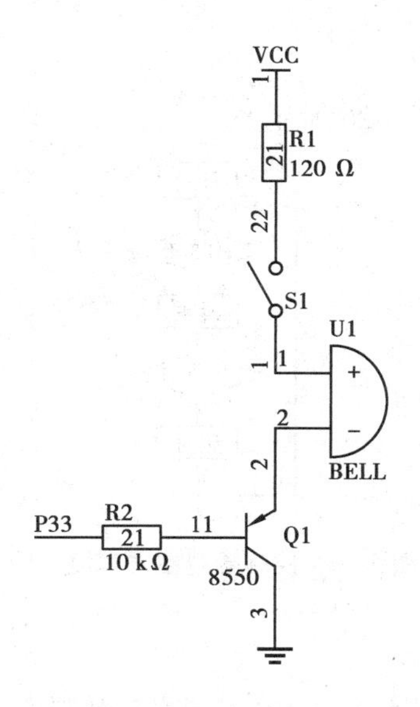

图 3-24 蜂鸣器理解原理图

表 3-3 元件安装表

名　称	参　数	数　量	符　号
开关	—	1 个	S1
三极管	8550	1 只	Q1
蜂鸣器	—	1 只	BELL
电阻	10 kΩ	1 只	R2
电阻	120 Ω	1 只	R1

(3)按电路图进行安装、焊接,完成后如图 3-25 所示。

图 3-25 安装焊接图

3. 编写控制程序

(1)蜂鸣器发声流程如图 3-26 所示。

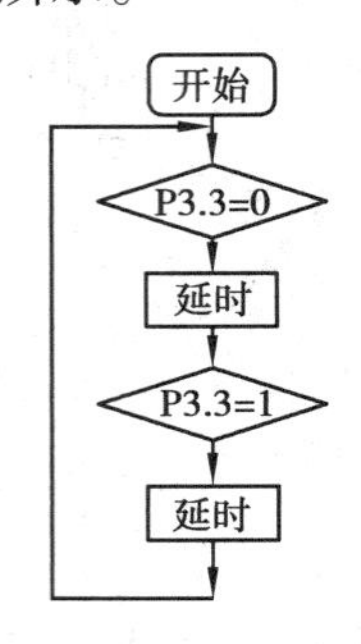

图 3-26　控制蜂鸣器发声流程图

(2)源程序代码

```
/*
在 S1 闭合的情况下,当 P3.3 口为低电平时,蜂鸣器发出声音;当 P3.3 口为高电平时,蜂鸣器停止发生;
*/
#include <at89x52.h>
sbit speaker = P3^3;                    //位定义
void delay1ms(unsigned int z)           //1 ms 延时程序
{
    unsingedint x,y;                    /*
    for(x = z;x > 0;x--)                用 KELL 软件可以调试出延时 1 ms 的程序,
      for(y = 114;y > 0;y--);           该程序调试的频率为 11.059 2 MHz。
}                                       */

void main(void)
{
    while(1)                            //无限循环
        {
            speaker = 1;                //高电平停止发声
            delay1ms (50);              //延时 50 ms
            speaker = 0;                //低电平发出声音
            delay1ms (50);              //延时 50 ms
        }
}
```

4. **程序调试**

(1)下载程序

将程序下载到芯片。

(2)调试程序

在这个任务中,我们明白了控制蜂鸣器发声的原理,了解了函数调用时程序的执行顺序。通过发声原理和按键配合使用就可以实现在报警、提示音等功能的实现。

如何编写程序来实现按键对蜂鸣器发声的控制?

当按下S2按键后蜂鸣器每1秒钟报警一次,报警5次后停止报警,并等待再次按下按键S2。

自评

项目内容	完成要求	分配分值	完成情况	自评分值
焊接基本电路	元件对应位置安装	20分		
	元件焊接测试	10分		
程序书写	程序流程图	10分		
	程序格式	10分		
	程序编译及创建	20分		
	程序调试与实现	30分		

1. goto **语句**

goto语句为无条件转向语句,当程序执行到此语句时,程序就会无条件跳转到以它后面的标号开始的语句执行。它的一般形式为:

goto 语句标号;

其中语句标号是一个有效的标识符,它的命名规则有变量名相同,即由数字、字母和下划线组成,其中第一个字符必须为字母或下划线。如下程序所示:

```
#include < at89x52. h >
sbit P35 = P3^5;
void main( void )
{
    while(1)
        {
            P1 =0x00;
            if(P35 = =0) goto loop;
        }
    loop:P1 =0xff;
}
```

说明:

(1)语句标号与一个":"相连接,当程序执行 goto 语句时就转向与 goto 语句后面的标号相同的那个标号开始执行;

(2)语句标号必须与 goto 语句处于同一个函数体中;

(3)goto 语句在程序中一般用来跳出多重循环,但它只能从内层循环跳到外层循环,而不能从外层循环跳到内层循环。

2. 按键消抖

在单片机应用系统设计中,人机界面部分的友好程度,很大一部分取决于按键处理程序。在按键时按得快了没有反应,按慢了一连响应几次,总给人紧迫感或迟钝感,不能使人满意。为了消除这种触点抖动现象(如图 3-27),通常可以采用硬件消抖或软件消抖,在此给大家介绍如何通过软件编写程序来实现按键的消抖。其主要思想为:

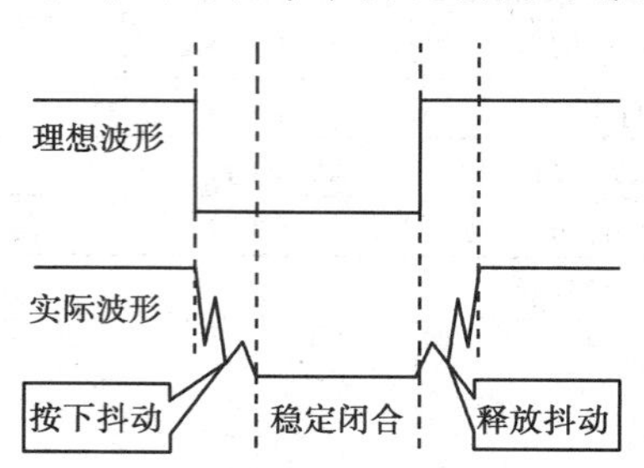

图 3-27　按键抖动现象

(1)判断按键是否按下

①按下按键后再通过 10 ms 的延时后再次判断按键是否还按下;

②返回的值仍然为按键按下时的值,判断出真正有键按下。

(2)判断按键是否松开

判断按键是否松开则可以用等待松手(while 语句)来进行判别。

任务4 4×4矩阵键盘扫描

一、任务引入

通过学习独立按键对单片机的控制以后,我们会发现在实际的应用中,当按键太多时电路会显得很复杂,并且还大量使用了单片机的端口。在这种情况下通常采用行列式(又称为矩阵式)键盘来实现人对单片机的控制(如图3-28),它不仅可以实现操作方便还可以有效的节约端口资源。

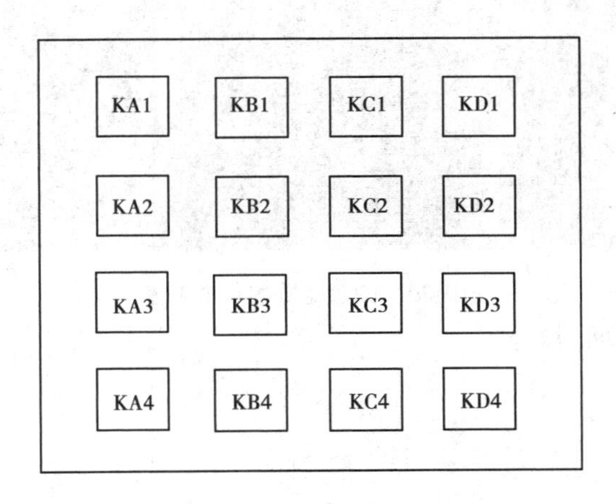

图3-28 矩阵式键盘

二、任务要求

(1)识读矩阵键盘的原理图。
(2)能正确安装16个矩阵按键。
(3)掌握矩阵键盘的扫描原理。
(4)学会编写检测某个按键是否按下的程序。

三、准备工作

1. 器材准备

(1)安装电路板一块。

(2)独立按键 16 个,如图 3-29 所示。

图 3-29　按键矩阵器材准备图

(3)按键连接原理图。

2. 工具准备

工具一套。

四、作业流程图

需要完成任务,请按图 3-30 所示流程进行。

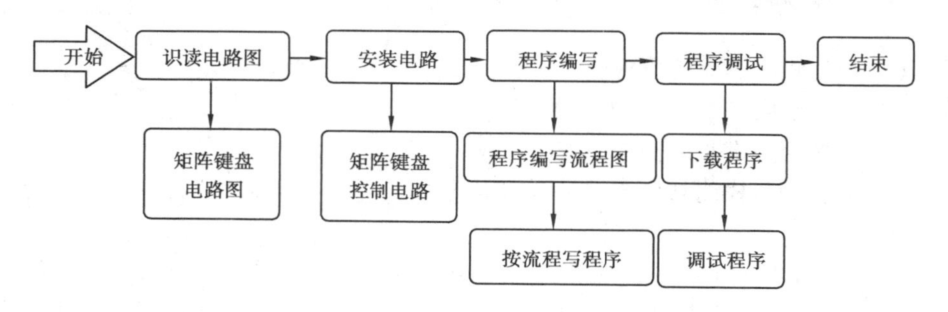

图 3-30　矩阵键盘扫描作业流程图

五、作业过程

1. 识读电路图

矩阵键盘电路原理如图 3-31 所示。

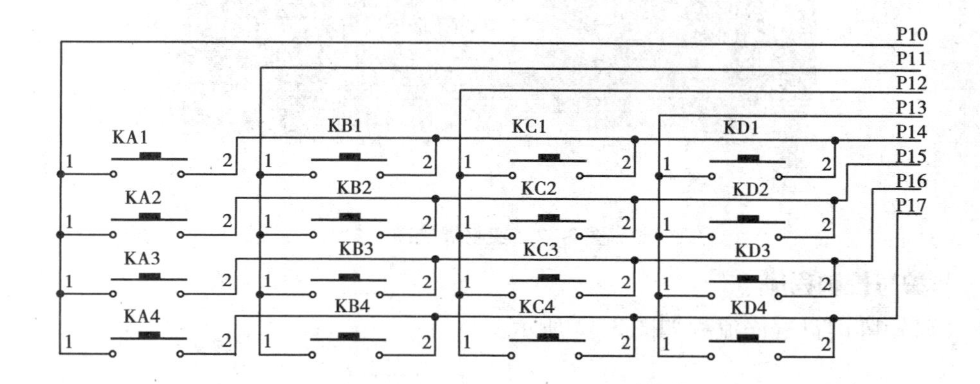

图 3-31 矩阵键盘原理图

2. 安装按键电路

(1)对器材进行检测。

(2)根据原理图找到相应元件在电路板上的位置,见表 3-4。

表 3-4 元件列表

名 称	参 数	数 量	符 号
按键	红色	4 个	KA1 ~ KA4
按键	红色	4 个	KB1 ~ KB4
按键	红色	4 个	KC1 ~ KC4
按键	红色	4 个	KD1 ~ KD4

(3)按电路图进行安装、焊接,完成后如图 3-32 所示。

图 3-32　实物焊接图

3. 编写控制程序

(1)矩阵键盘程序流程如图 3-33 所示。

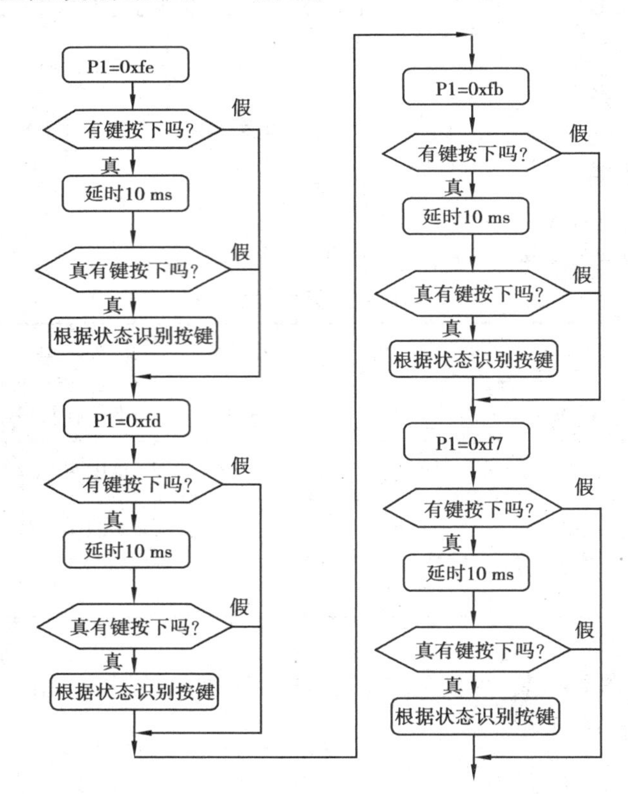

图 3-33　键盘扫描流程图

(2)源程序代码

```
/*
应用键盘扫描读取按键的值
1.扫描第一行;
2.判断这一行是否有键按下,若有键按下,则给一个变量赋相应的值;
3.依次扫描其他三行。
*/
#include <REGX51.H>
unsigned int a[] = {0xff,0xc0,0xf9,0xa4,0xb0,0x99,0x92,0x82,0xf8,0x80,0x90,
                    0x88,0x83,0xc6,0xa1,0x86,0x8e};
unsigned int temp,num;
char keyscan();
void delay(unsigned int z)                 //1 ms 延时程序
{
    unsingedint x,y;
    for(x = z;x >0;x --)                   //用 Keit 软件可以调试出延时 1 ms 的程序,
      for(y = 114;y >0;y --);              //该程序调试的频率为 11.059 2 MHz。
}
void  main()
  {
    while(1)
    {
    if(num ==1||num ==2||num ==3||num ==4)
    if(num ==5||num ==6||num ==7||num ==8)
    if(num ==9||num ==10||num ==11||num ==12)
    if(num ==13||num ==14||num ==15||num ==16)

        P3 = a[keyscan()];                 //调用键盘扫描并返回所按下按键的值
    }
  }

char keyscan()
{
    P1 =0xef;                              //给 P1 口赋值(1110 1111),让第一行为
                                           //低电检测第一行是否有键按下
    temp = P1;                             //把 P1 口现在的值读回来,如没有键按
                                           //下,那么返回的仍然为 0xef,如果有键按
                                           //下,则在 P1 的高四位定有一个和P0.0
```

```
                                        //口接通,即为低电平
temp = temp&0x0f;                       //把返回的值与0x0f相与,我们只要求判
                                        //断高位的那个键被按下。相与以后再
                                        //把与了的结果放到temp中
while(temp! =0x0f)                      //当与后的值不等于0x0f,则说明有键按
                                        //下了,那么就去执行相应的程序,否则
                                        //检测第二行
  {
  delay(10);                            //延时消抖,一般抖动时间为10 ms
  temp = P1;                            //再一次确定按下的键是哪一个
  temp = temp&0x0f;
  while(temp! =0x0f)                    //若仍然不等于0x0f,表明确实有键按
                                        //下,则进入程序判断按下的是第一行的
                                        //哪个按键
      {
      temp = P1;                        //再一次把P1口的值给temp变量
      switch(temp)                      //多分支选择语句,用temp的值与case
                                        //后面的值比较,相同就执行对应case语句
        {
        case 0xee: num =1;break;        //按下的是第1列的按键KA1
        case 0xed: num =2;break;        //按下的是第2列的按键KB1
        case 0xeb: num =3;break;        //按下的是第3列的按键KC1
        case 0x e7: num =4;break;       //按下的是第4列的按键KD1
        }
      while(temp! =0x0f)                //首先判断temp是否等于0x0f,这肯定是
                                        //不等的,进入循环。目的:如果仍然按着这
                                        //个按键的,那么就在这里等待,等待……
        {
        temp = P1;                      //读回端口的值
        temp = temp&0x0f;               //再和0x0f相与,如果在与的过程中一直
                                        //按着按键,那么会一直在while函数中
                                        //不会出去。如果释放了按键,则与来的
                                        //结果就会等于0x0f,则退出本次while、
                                        //上次while以及再上次的while,即退出
                                        //第一行的检测
        }
      }
    }
```

```
P1 =0xdf;                              //检测第二行,赋值为 1101 1111
temp = P1;
temp = temp&0x0f;
while(temp! =0x0f)
    {
    delay(10);
    temp = P1;
    temp = temp&0x0f;
    while(temp! =0x0f)
      {
      temp = P1;
      switch(temp)
          {
            case 0xde: num =5;break;
            case 0xdd: num =6;break;
            case 0xdb: num =7;break;
            case 0xd7: num =8;break;
          }
      while(temp! =0x0f)
          {
            temp = P1;
            temp = temp&0x0f;
          }
      }
    }
P1 =0xbf;                              //检测第三行,赋值为 1011 1111
temp = P1;
temp = temp&0x0f;
while(temp! =0x0f)
  {
  delay(10);
  temp = P1;
  temp = temp&0x0f;
  while(temp! =0x0f)
    {
    temp = P1;
    switch(temp)
      {
```

```
            case 0xbe: num =9;break;
            case 0xbd: num =10;break;
            case 0xbb: num =11;break;
            case 0x b7: num =12;break;
            }
          while(temp! =0x0f)
            {
            temp = P1;
            temp = temp&0x0f;
            }
          }
      }
  P1 =0x7f;                                       //检测第四行,赋值为 0111 1111
  temp = P1;
  temp = temp&0x0f;
  while(temp! =0x0f)
      {
      delay(10);
      temp = P1;
      temp = temp&0x0f;
      while(temp! =0x0f)
          {
          temp = P1;
          switch(temp)
            {
            case 0x7e: num =13;break;
            case 0x7d: num =14;break;
            case 0x7b: num =15;break;
            case 0x77: num =16;break;
            }
          while(temp! =0x0f)
            {
            temp = P1;
            temp = temp&0x0f;
            }
          }
      }
```

```
//return num; //返回 num 的值
}
```

4. **程序调试**

(1)下载程序

下载程序到芯片中。

(2)调试程序

当程序正常后,每操作一个按键会有不同的效果出现。

若在键盘扫描时先检测第一列,那么各个按键的返回值为多少,如何编写程序。

编写键盘音乐声音程序。

自评

项目内容	完成要求	分配分值	完成情况	自评分值
焊接基本电路	元件对应位置安装	20 分		
	元件焊接测试	10 分		
程序书写	程序流程图	10 分		
	程序格式	10 分		
	程序编译及创建	20 分		
	程序调试与实现	30 分		

由于按键数太多,采用了矩阵式扫描法来做按键侦测,如图 3-34 是 16 个按键的控制电路,由 P1.4 ~ P1.7 送出扫描信号,而由 P1.0 ~ P1.3 读取按键数据返回码。

然后用程序扫描的方式来侦测哪一键按下,一次扫描一行四个按键,扫描顺序如下:

(1)送出扫描信号 1110 以扫描第一行的 4 个按键,读取按键数据,判断该行是否有键按下;若有键被按下,则连接至被按下的该键,返回状态为 0。

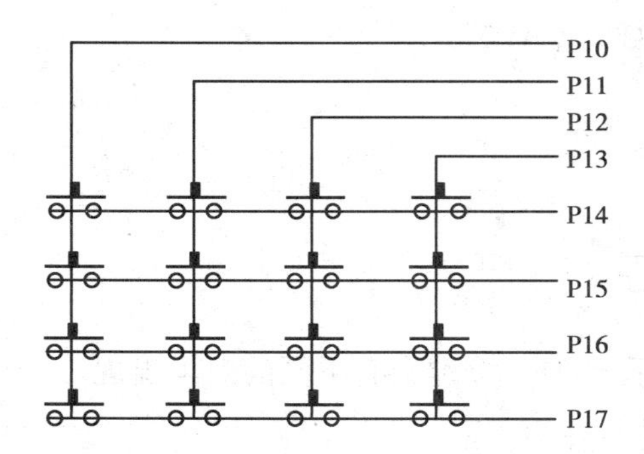

图 3-34　矩阵键盘检测原理

(2)送出扫描信号 1101 以扫描第二行的 4 个按键,读取按键数据,判断该行是否有键按下。

(3)送出扫描信号 1011 以扫描第三行的 4 个按键,读取按键数据,判断该行是否有键按下。

(4)送出扫描信号 0111 以扫描第四行的 4 个按键,读取按键数据,判断该行是否有键按下。

(5)回到步骤(1)继续作按键扫描。

以上的步骤连续地重复,若有键被按下,就将该按键译码出来。可以使用双重循环作计数编号,当某一按键被按下时,其按键编号便是计数编号。有关按键编号,扫描信号及读取按键数据返回码整理见表 3-5。

表 3-5　按键及相关说明

按键数据输入码				扫描输出信号				所侦测的按键及代码
P2.7	P2.6	P2.5	P2.4	P2.3	P2.2	P2.1	P2.0	
1	1	1	0	1	1	1	0	KA1 键(0xee)
1	1	1	0	1	1	0	1	KB1 键(0xed)
1	1	1	0	1	0	1	1	KC1 键(0xeb)
1	1	1	0	0	1	1	1	KD1 键(0xe7)
1	1	0	1	1	1	1	0	KA2 键(0xde)
1	1	0	1	1	1	0	1	KB2 键(0xdd)
1	1	0	1	1	0	1	1	KC2 键(0xdb)
1	1	0	1	0	1	1	1	KD2 键(0xd7)
1	0	1	1	1	1	1	0	KA3 键(0xbe)
1	0	1	1	1	1	0	1	KB3 键(0xbd)
1	0	1	1	1	0	1	1	KC3 键(0xbb)
1	0	1	1	0	1	1	1	KD3 键(0xb7)
0	1	1	1	1	1	1	0	KA3 键(0x7e)
0	1	1	1	1	1	0	1	KB4 键(0x7d)
0	1	1	1	1	0	1	1	KC4 键(0x7b)
0	1	1	1	0	1	1	1	KD4 键(0x77)

任务5 按键外部中断控制

一、任务引入

STC89C51 有 5 个中断源(如图 3-35 所示),分别为外部中断 0、定时/计数器 0(T0)溢出中断、外部中断 1、定时/计数器 1(T1)溢出中断和串行口发送/接收中断。在前面的任务中我们学习了单片机的两个内部中断源,即定时/计数器 0 中断和定时计数器 1 中断,实现了对时间的精确控制。在今天的任务中将继续学习单片机的两个外部中断 INT0(P3.2)和 INT1(P3.3),通过外部中断来实现对单片机的中断控制。

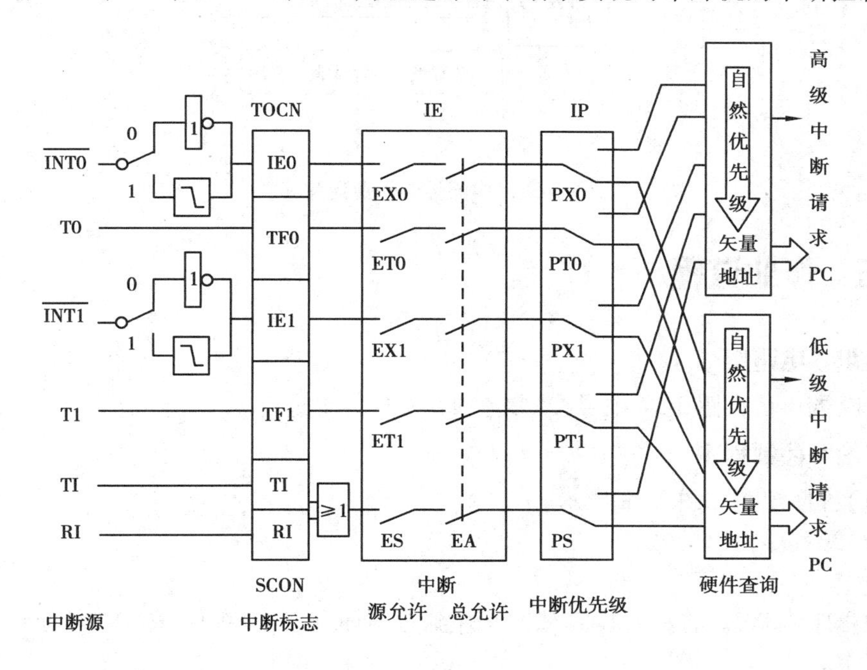

图 3-35 中断系统结构

二、任务要求

(1)理解外部中断的含义及其使用方法。

(2)正确使用外部中断和内部中断。

(3)编写通过外部中断实现一个按键对 LED 的控制程序。

三、准备工作

(1)安装电路板一块。
(2)单片机端口连接原理图。

四、作业流程图

进行中断操作按图 3-36 所示。

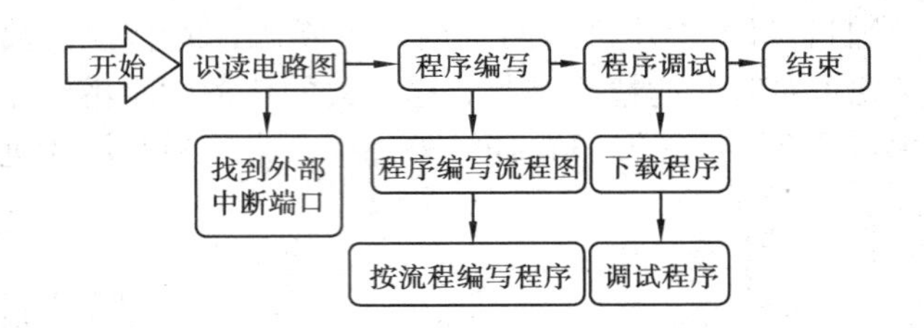

图 3-36　中断控制作业流程图

五、作业过程

1. 识读电路图

中断端口请在图 3-37 中寻找,参考项目一任务 1 进行。

2. 编写控制程序

(1)程序流程如图 3-38 所示。

(2)源程序代码

```
/*
主程序将 P0 口的 8 个 LED 依次从左到右循环点亮,中断时(按 INT0)使 8 个 LED
闪烁 5 次。
*/
#include <REGX51.H>
unsigned int temp;                        //定义 temp 为全局变量
void delay1ms(unsigned int z)             //1 ms 延时程序,频率:11.059 2 MHz
{
    unsigned int x,y;
    for(x = z;x > 0;x - - )
```

```
    for(y = 114;y > 0;y - -);
}

void main()
{
    unsigned int m,n;
    EA = 1;                                  //总允许设置。当 EA = 1 时 CPU 开
                                             //放中断,当 EA = 0 时 CPU 禁止所有
                                             //中断。
    EX0 = 1;                                 //允许外中断 0 中断
    IT0 = 1;                                 //设置为边沿触发方式,当 IT0 = 0 时
                                             //为电平出发方式
    while(1)
      {m = 0x01;                             //设置点亮第一个 LED 的编码值
        for(n = 0;n < 8;n + +)               //依次点亮 8 个 LED
          {
          P0 = ~m;
          delay1ms (10000);
          m = m < < 1;
          }                                  //在没有中断的时候执行流水灯程序
    }
}
void interservice0(void) interrupt 0 using 1 //外部中断 0 的中断服务程序,中断
                                             //号为“0”
{   unsigned int t;
      temp = P0;                             //保存断点
      P0 = 0xff;                             //重新设置初始值
for(t = 0;t < 10;t + +)                      //P0 口 8 个 LED 闪烁 5 次
      {
      P0 = ~P0;
      delay1ms (10000);
      }
      P0 = temp;                             //恢复断点
}
```

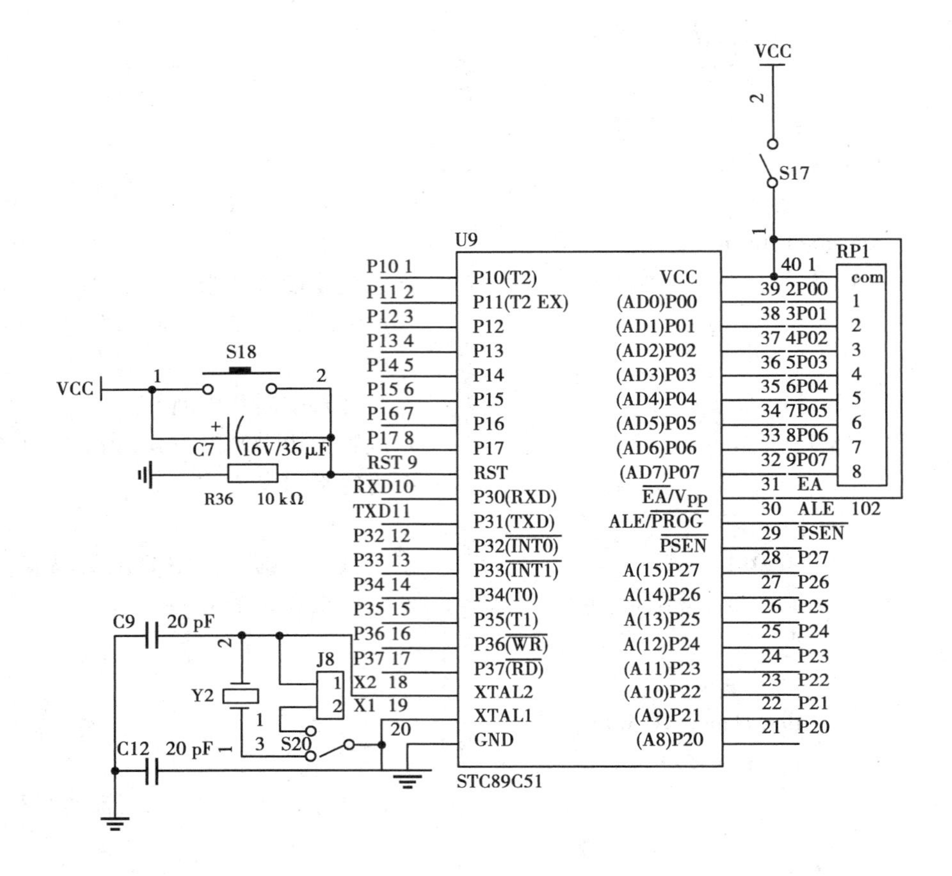

图 3-37　STC89C51 结构图

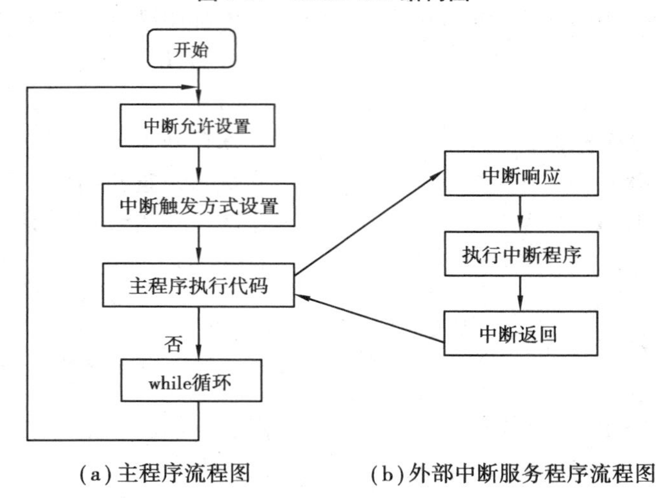

(a)主程序流程图　　　　(b)外部中断服务程序流程图

图 3-38　中断系统应用程序流程图

3. 程序调试

(1)下载程序

将程序下载到芯片。

(2)调试程序

在这个任务中,我们学会了运用外部中断0来实现对单片机的控制,了解了外部中断初始化的设置方式,掌握了中断服务程序的格式及其编写方法。而对于外部中断1(INT1)和外部中断0(INT0)的应用方法相同,只是中断服务程序中外部中断1的中断号为2。

用外部中断1来实现在主程序执行8个LED依次从左到右顺流水时,当产生中断后8个LED从右到左实现5次逆流水。

主程序执行8个LED从左到右顺流水,当按下INT0的按钮时,8个LED闪烁10次。当按下INT1时,产生报警(INT1优先)。

自评

项目内容	完成要求	分配分值	完成情况	自评分值
程序书写	程序流程图	10分		
	程序格式	10分		
	程序编译及创建	30分		
	程序调试与实现	50分		

1. 中断服务函数的一般形式

函数类型　函数名(形式参数)[interrupt n][using n];

其中,关键字interrupt后面的n代表中断号,是一个常量,取值范围是0~4,每个中断号都对应一个中断源,见表3-6。关键字using后面的n代表中断函数将要选择使用的工作寄存器组,也是一个常量,取值范围是0~3。在C语言中可以用如下方法定义外部中断0的中断服务函数。

void interservice0(void) interrupt 0 using 1 //定义外部中断0,使用第一组寄存器。

值得注意的是,中断服务函数的形式参数、返回值都是void,中断服务函数不能被其他任何函数调用。

表3-6 89C51各中断源的中断服务程序入口地址

中断源	入口地址	中断号
外部中断0	0003H	0
定时/计数器0(T0)溢出中断	000BH	1
外部中断1	0013H	2
定时/计数器1(T1)溢出中断	001BH	3
串行口发送/接收中断	0023H	4

2. 中断允许控制寄存器IE

在中断系统中,是否允许中断是由片内可进行位寻址的8位中断允许控制寄存器IE来控制的,其各位的含义见表3-7。

表3-7 中断允许控制寄存器IE

IE	D7	D6	D5	D4	D3	D2	D1	D0
	EA	—	—	ES	ET1	EX1	ET0	EX0

其各位功能如下:

EX0:外部中断0中断控制位。

ET0:定时/计数器T0中断控制位。

EX1:外部中断1中断控制位。

ET1:定时/计数器T1中断控制位。

ES:串行口中断控制位。

EA:中断总控制位。

当IE的某位设置为1时,表示相应的中断源被允许,当IE的某位设置为0时,表示相应的中断源被禁止。EA=1时,CPU开放中断,EA=0时,CPU禁止所有中断。

3. 中断优先级寄存器IP

89C51单片机有两个中断优先级,可以实现两级中断嵌套服务,而每个中断源都可以设置成为高优先级或优先级。在89C51单片机中断系统中,对每个中断源的优先级有一个默认的顺序,称为自然优先级。从高优先级到低优先级的顺序依次为:

外部中断0→定时/计数器0(T0)溢出中断→外部中断1→定时/计数器1(T1)溢出中断→串行口发送/接收中断。

在单片机系统中，既可以使用自然优先级，也可以通过设置优先寄存器IP中相应位的状态来实现某个中断的优先。IP中各位的含义见表3-8。

表3-8 中断优先级控制寄存器IP

IP	D7	D6	D5	D4	D3	D2	D1	D0
	—	—	—	PS	PT1	PX1	PT0	PX0

其各位功能如下：

PX0：外部中断0优先级设置位。

PT0：定时/计数器T0优先级设置位。

PX1：外部中断1优先级设置位。

PT1：定时/计数器T1优先级设置位。

PS：串行口优先级设置位。

当IP中某位设置为1，相应的中断就是高优先级，否则就是低优先级。高优先级和低优先级内部再根据自然优先级分配优先权。例如：

```
PS = 1;           //将串行口优先级设为高优先级
PX1 = 1;          //将外部中断1优先级设为高优先级
PT0 = 1;          //将定时/计数器T0优先级设为高优先级
PX0 = 0;          //将外部中断0优先级设为低优先级
PT1 = 0;          //将定时/计数器T1优先级设为低优先级
```

通过上面的代码设置后，系统中断优先级由高到低依次为T0溢出中断、外部中断1、串行口中断、外部中断0、T1溢出中断。

1. if语句有________种形式，分别是________、__________和________________。

2. continue和break语句的区别在于，continue语句是结束________循环，而break语句是跳出________。

3. goto语句是________语句，常与if语句一起使用构成循环。其中语句标号的命名与________相同，且第一个字符必须是________。

4. 我们通常使用的键盘属于非编码键盘，它又可以分为独立键盘和________键盘。

5. 51单片机中一共有________个中断源。它们的自然优先级为________。

6. 填写下列程序中空白处，使它实现与上述源程序具有同样的功能。

```
#include < at89x52. h >
```

```
sbit P35 = P3^5;
void main(void)
{
   while(1)
      {
         if(P35! = ________)
            P1 = 0x00;
         ____
            P1 = 0xff;
      }
}
```

7. 假设 a = 3、b = 5、c = 6、d = 8,请判断下列表达式的值的真假。

(1) a > b　　(2) (a + b)! = d

(3) b + c ≤ a + d　　(4) (a = b) ≤ (c = d)

8. 用 switch 语句完成如下程序,实现源程序功能。

```
#include < at89x52. h >
      sbit P35 = P3^5;
      sbit P36 = P3^6;
      void main(void)
      {
      while(1)
         {
            if(P35 = = 0) n = 1;
            if(P36 = = 0) n = 2;
            switch(n)
               {
               case 1: ________; break;
               case 2: ________; break;
               }
         }
}
```

9. 假设 i = 1、j = 3、k = 5、x = 6、y = 8 判断下列逻辑表达式的逻辑值。

(1) i < k ‖ ! x　　(2) y ‖ i&&j - 2

(3) k = = 5&&j&&x ≤ y　　(4) x + y ‖ i + j + k

10. 填写下列程序,当按下按键后蜂鸣器停止发声。

```
#include < at89x52. h >
sbit speaker = P3^3;
```

```
sbit key = P3^5;
void main( void )
{
  while(1)
    {
    speaker  =0;
    if(key == ________) ________;
    }
    Loop:speaker = ________;
}
```

11. 用软件实现按键消抖有两种方法:

(1) ________________________________;

(2) ________________________________。

12. 请对下列矩阵键盘编码并填于下表中。

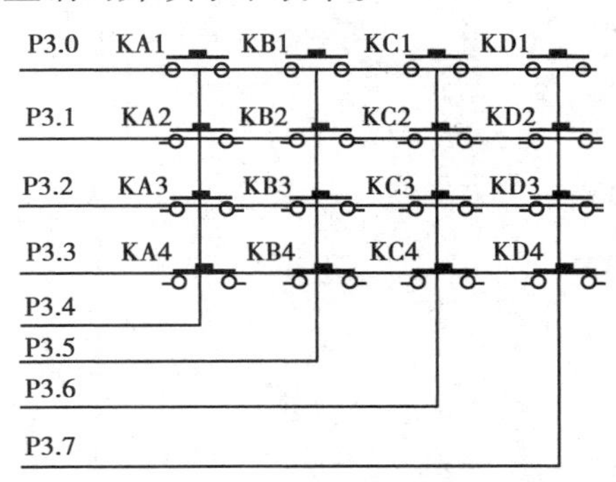

矩阵按键编码

按键数据输入码				扫描输出信号				所侦测的按键及代码
P3.7	P3.6	P3.5	P3.4	P3.3	P3.2	P3.1	P3.0	
1	1	1	0	1	1	1	0	__键(0xee)
1	1	1	0	1	1	0	1	__键(0xed)
1	1	1	0	1	0	1	1	__键(0xeb)
1	1	1	0	0	1	1	1	__键(0xe7)
1	1	0	1	1	1	1	0	__键(0xde)
1	1	0	1	1	1	0	1	__键(0xdd)
1	1	0	1	1	0	1	1	__键(0xdb)
1	1	0	1	0	1	1	1	__键(0xd7)
1	0	1	1	1	1	1	0	__键(0xbe)

续表

按键数据输入码				扫描输出信号				所侦测的按键及代码
P3.7	P3.6	P3.5	P3.4	P3.3	P3.2	P3.1	P3.0	
1	0	1	1	1	1	0	1	__键(0xbd)
1	0	1	1	1	0	1	1	__键(0xbb)
1	0	1	1	0	1	1	1	__键(0xb7)
0	1	1	1	1	1	1	0	__键(0x7e)
0	1	1	1	1	1	0	1	__键(0x7d)
0	1	1	1	1	0	1	1	__键(0x7b)
0	1	1	1	0	1	1	1	__键(0x77)

13. 填写下列程序，采用外部中断 1 实现中断一次 8 个 LED 取一次反。

```
#include <REGX51.H>
void main()
{
    EA = ________;
    EX1 = 1;
    IT1 = 1;
    P1 = 0x00;
    while(1);
}
void interservice1(void) interrupt ________using 1
{
    P1 = ________;
}
```

14. 在中断源中，若将它们的中断优先寄存器设置如下：

PS = 1、PX1 = 0、PT0 = 1、PX0 = 1、PT1 = 0；

请写出它们从高到低的优先顺序：____________________________。

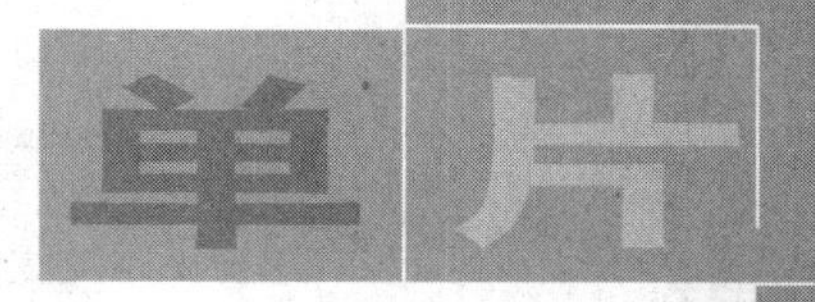

项目4 数码管显示控制

情景创设

在我们的日常生活中到处都可以看到各种数字显示，如交通灯的倒计时、数字时钟等，其实它们都可以用单片机来实现。如图4-1所示为日常生活中常见的数字显示效果图：

(a)电子称的显示

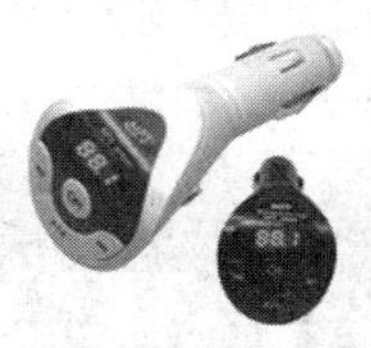

(b)车载播放器显示

(c)实验板灯光图

图4-1 数码管显示效果图

图4-1中的数字显示都是用数码管来实现的，那么什么是数码管？数码管显示的原理是什么？我们怎么用单片机来控制数码管呢？下面我们就对单片机怎样来控制数码管显示的知识进行学习。

知识目标

知道数码管的显示原理。
知道动态显示的原理。
知道数组。

能力目标

会算数码管显示的代码。
会正确使用数组。
能让数码管显示一位数。
能让数码管显示多位数。

任务1　控制一个数码管

一、任务引入

数码管显示在现实中用的非常多,有的能显示二位数字,有的能显示8位数字,而今天的第一个任务就是控制一个数码管的显示。大家先来看看一个数码管亮一段的效果。要注意的是,这个显示是编写程序来实现数码管显示,而不是直接给数码管加电压使其发光,如图4-2所示。

图4-2　单个数码管亮一段的效果图

二、任务要求

(1)正确识读原理图。
(2)正确安装电路。
(3)正确编写程序。
(4)按键控制一个数码管,让其每一段分别亮。

三、准备工作

1. 器材准备

(1)上一任务电路板一块,如图 4-3 所示。

图 4-3 上一任务电路板

(2)一个数码管电路器材,如图 4-4 所示。

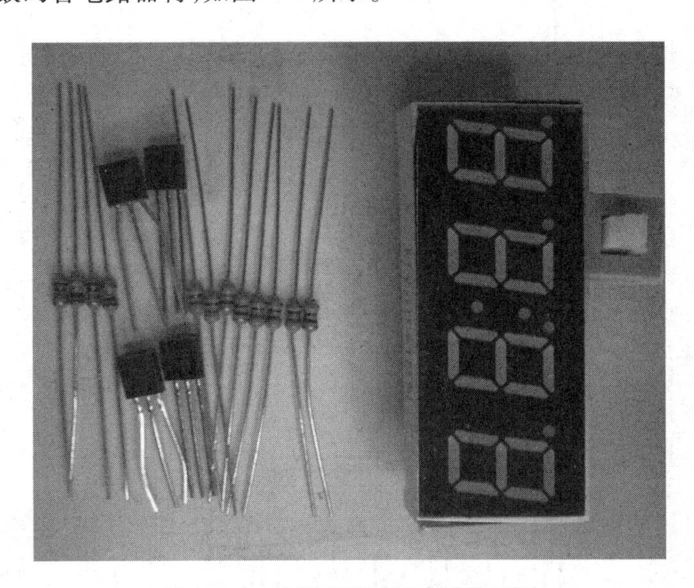

图 4-4 一个数码管显示电路器材图

2. 工具准备

安装工具一套。

四、作业流程图

器材准备好后请按图 4-5 进行作业。

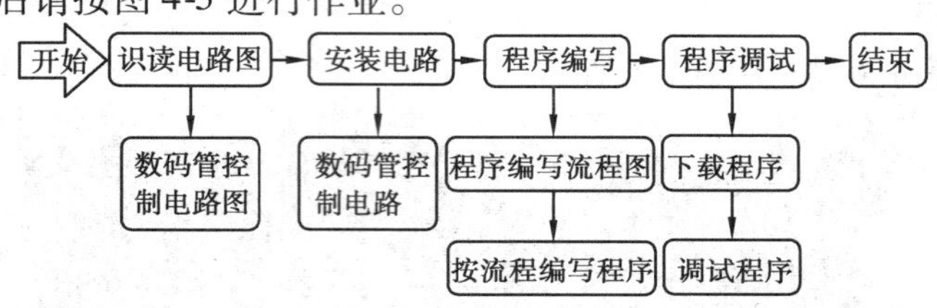

图 4-5　一个数码管控制作业流程图

五、作业过程

1. 识读电路图

一个数码管电路原理图如图 4-6 所示。

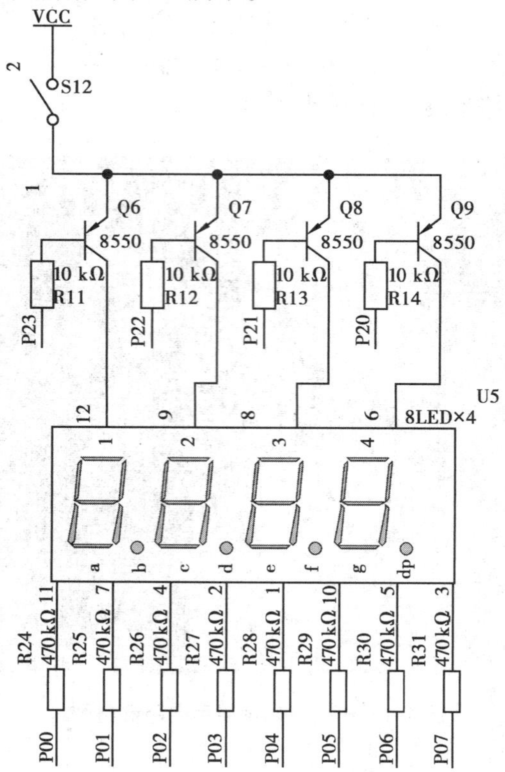

图 4-6　一个 LED 电路原理图

2. 安装一个数码电路

(1)对器材进行检测。

(2)先根据原理图把元件找到对应的位置,置于表4-1中。

表4-1 元件安装表

元件名称	元件参数	元件数量
数码管	—	1个
电阻	470 Ω	8只
电阻	10 kΩ	8只
三极管	8550	4个
开关	—	1个

(3)按电路图进行安装、焊接,完成后如图4-7所示。

图4-7 元件安装完成效果图

3. 编写控制程序

(1)点亮七段数码管的每段,按如下流程执行程序,如图4-8所示。

(2)源程序

程序如下:

```
/*********7段数码管实验一,让一个数码管的每段分别点亮**/
/************声明区****************************************/
#include <reg51.h>                    //定义8051寄存器的头文件
sbit key = P3^0;                      //按钮开关接到P3口的bit0
/************声明延时主函数*********************************/
```

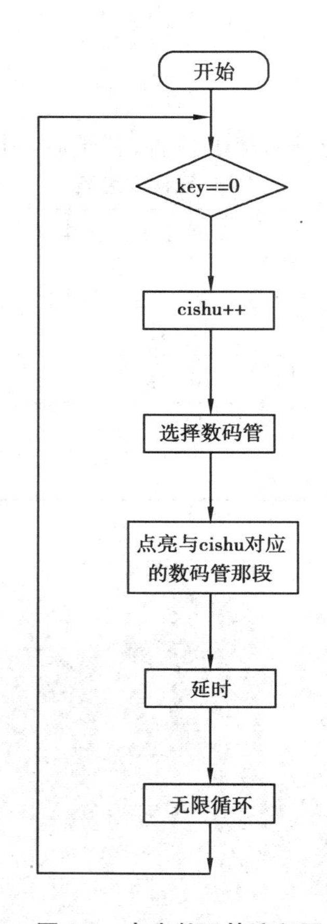

图 4-8　点亮数码管流程图

```
void delay(void)                         //延时大约为15 ms
{                                        //延时函数开始
    unsigned char ti, ms = 15;           //声明无符号字符型变量 ms,ti
    while(ms --)                         //计数 ms 次,延时 ms×1 ms
    {
      for(ti = 0;ti < 120;ti ++);        //延时 1 ms
    }
}                                        //子函数结束
/*****************主函数*****************************************/
void main(void)                          //主函数
{                                        //主函数开始
unsigned char cishu = 0;                 //声明无符号变量 cishu
while(1)                                 //无限循环
```

```
{                                       //无限循环开始
    if(key==0)                          //判断按钮按下没有
      {
        delay();                        //延时,跳过按键开始不稳定的状态
        if(key==0)                      //再次判断按键是否按下
          cishu++;                      //按键按下,让变量 cishu 加 1
        if(cishu>7)                     //如果 cishu 大于 7 则从 0 开始
          cishu=0;                      /* cishu 是记录七段数码管那段数码
                                        /* 管亮的,最大值只能是 6 */
      }
      while(key==0);                    //等待按键松开
      P2=0xfe;                          //选择最右边的数码管
      P0=~(0x01<<cishu);                //根据按键次数点这七段数码管中的
                                        //某一段
   }                                    //无限循环结束
}                                       //主函数结束
```

4. **程序调试**

(1) 下载程序

按项目一中的下载步骤下载程序到芯片中。

(2)调试程序

程序正常后效果如图 4-9 所示。

图 4-9 程序效果图

在这个任务中我们安装了一个七段数码管电路，学会了设置端口的低电平来选择数码管，用端口的高电平来点亮数码管中的某一段，知道七段数码管的结构和显示原理并了解宏定义指令的用法。

能不能让七段数码管同时亮两段？同时亮三段呢？

编程完成后，自动控制数码管的显示，看看有什么效果。

自评

项目内容	完成要求	分配分值	完成情况	自评分值
焊接基本电路	元件对应位置安装	20 分		
	元件高度一致	10 分		
	元件水平安装水平	10 分		
	元件垂直安装垂直	10 分		
编写程序	程序结构正确	10 分		
	源程序正确	20 分		
	调试程序正确	20 分		

1. 七段数码管的结构和显示原理

7 段荧光数码管属于分段式半导体显示器件。从图 4-10 可以看出，每个数码管都由 7 个发光段组成（小数点不包括在内）。这 7 个发光段其实就是 7 个发光二极管，它的 PN 结是由一种特殊的半导体材料——磷砷化镓做成。当外加正向电压时，发光二极管可以将电能转换为光能，从而能够发出清莹悦目的光线，其内部结构图如图 4-10 所示。

从图4-10中可以看出,7段荧光数码管有公共的地,即7个发光二极管的负极全部连接在了一起,只要给想点亮的二极管高电平就可以使其发光。这样做的好处是可以免去布线、相互间的干扰等很多麻烦。这种连接方式的数码管称作共阴极数码管。

有的读者可能会问,是不是只有这一种接法?可不可以给出共同的正向电压,然后通过控制负极的电压来控制二极管的发光或者熄灭呢?只要电器特性参数和芯片的驱动能力准许,完全可以通过控制负极的电压来控制二极管的发光或者熄灭。这种连接方式的数码管又称作共阳极数码管,如图4-11所示。

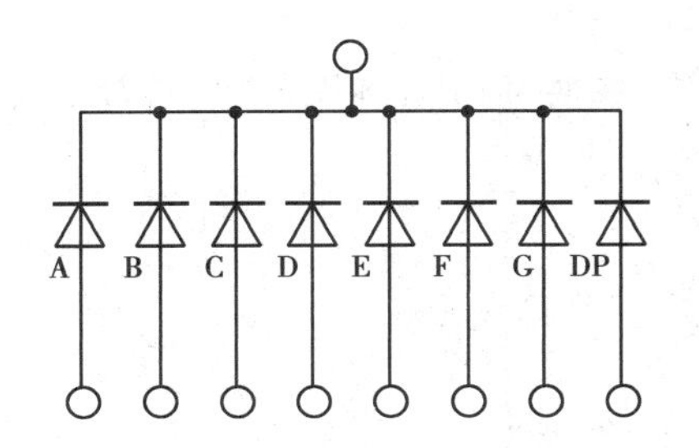

图4-10　七段数码管内部结构图

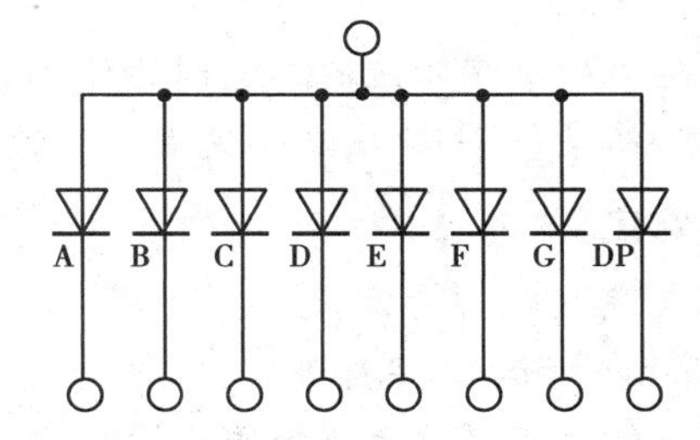

图4-11　共阳数码管内部结构图

对应前面介绍的两种数码管可以采用灌电流和拉电流两种连接方法。如果采用了灌电流连接,就要相对应地选择共阳极数码管;反之,如果采用了拉电流连接,就要相应选择共阴极数码管。实际使用中可以根据器件的特性参数做出合适的选择。

2. 数码管显示原理

前面已经介绍过,7段数码管是由7个独立的二极管采用共阴或共阳的方法连接而成。通常将这7个独立的二极管做成a、b、c、d、e、f、g这7个笔画,如图4-12所示。

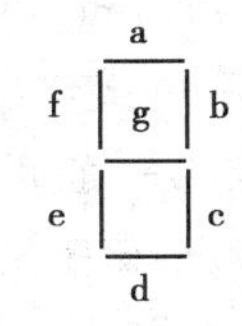

图4-12　数码管的管脚定义

由图4-12可见,通过一个7位的二进制电平信号就可以显示出想要的结果。例如,点亮二极管b、c,数码管将会显示数字1,点亮a、b、c、d、e、f、g,数码管将会显示数字8。所以,数码管的显示需要有7根连线。每个数字对应的二进制码见表4-2。

表4-2　显示数字对应的二进制电平信号

显示数字	a	b	c	d	e	f	g
0	1	1	1	1	1	1	0
1	0	1	1	0	0	0	0
2	1	1	0	1	1	0	1
3	1	1	1	1	0	0	1
4	0	1	1	0	0	1	1
5	1	0	1	1	0	1	1

续表

显示数字	a	b	c	d	e	f	g
6	1	0	1	1	1	1	1
7	1	1	1	0	0	0	0
8	1	1	1	1	1	1	1
9	1	1	1	1	0	1	1

上述表中数字对应的二进制的值称为码值,在实际的电路设计中,由处理器直接将码值送给某一个端口,从而完成数字的显示。

3. 宏定义

A. 宏定义又称为宏代换、宏替换,简称"宏"。其格式为:

#define 标识符 字符串

其中的标识符就是所谓的符号常量,也称为"宏名"。

预处理(预编译)工作也叫作宏展开:将宏名替换为字符串。

掌握"宏"概念的关键是"换"。一切以换为前提,做任何事情之前先要换,准确理解之前就要"换"。

即在对相关命令或语句的含义和功能作具体分析之前就要换:

例如:#define PI 3.1415926

把程序中出现的 PI 全部换成 3.1415926 。几点说明:

(1)宏名一般用大写。

(2)使用宏可提高程序的通用性和易读性,减少不一致性,减少输入错误和便于修改。例如:数组大小常用宏定义。

(3)预处理是在编译之前的处理,而编译工作的任务之一就是语法检查,预处理不做语法检查。

(4)宏定义末尾不加分号";"。

(5)宏定义写在函数的花括号外边,作用域为其后的程序,通常在文件的最开头。

(6)可以用#undef 命令终止宏定义的作用域。

(7)宏定义可以嵌套。

(8)字符串" "中永远不包含宏。

(9)宏定义不分配内存,变量定义分配内存。

B. 带参数的宏定义,除了一般的字符串替换,还要做参数代换。其格式为:

#define 宏名(参数表) 字符串

例如:#define S(a,b) a * b

area = S(3,2);第一步被换为 area = a * b; ,第二步被换为 area = 3 * 2;

类似于函数调用。几点说明:

(1)实参如果是表达式容易出问题。

#define S(r) r*r

area = S(a + b);第一步换为 area = r * r;,第二步被换为 area = a + b * a + b;

正确的宏定义是#define S(r) (r) * (r)

(2)宏名和参数的括号间不能有空格。

(3)宏替换只作替换,不做计算,不做表达式求解。

(4)函数调用在编译后程序运行时进行,并且分配内存。宏替换在编译前进行,不分配内存。

(5)宏的哑实结合不存在类型,也没有类型转换。

(6)函数只有一个返回值,利用宏则可以设法得到多个值。

(7)宏展开使源程序变长,函数调用不会。

(8)宏展开不占运行时间,只占编译时间,函数调用占运行时间(分配内存、保留现场、值传递、返回值)。

任务2　单个数码管分时显示0~9

一、任务引入

在有的时候,一个数码管要显示多种数字,如摩托车的挡位显示,可以分别显示0~5。而今天我们要做的就是模拟一个挡位显示,显示0~9共10个挡位。显示一个挡位过一段时间就显示下一个。大家先来看看其中某一时刻一个数码管显示数字6的效果,如图4-13所示。

图4-13　数码管显示数字6

二、任务要求

(1)正确编写程序。
(2)让一个数码管显示数字从 0 依次递加到 9。

三、准备工作

(1)上一任务电路板一块,如图 4-14 所示。

图 4-14　上一任务电路板

(2)电路原理图同上一任务。

四、作业流程图

器材准备好后请按图 4-15 进行作业。

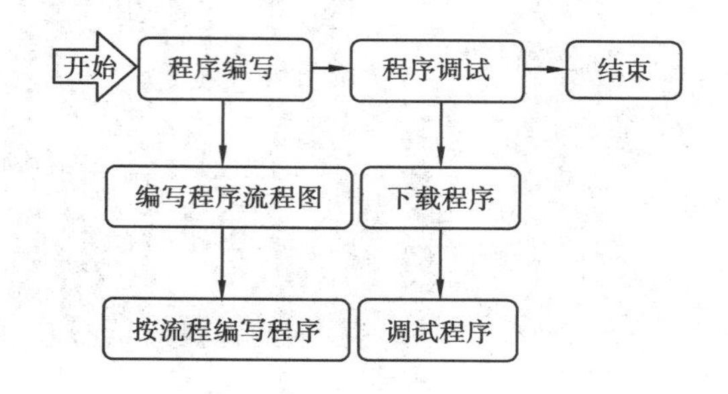

图 4-15　单个数码管分时显示 0 ~ 9 作业流程图

五、作业过程

1. 编写控制程序

由于本任务的电路与上一个任务没有变化,因而识读电路图和安装电路同上一个任务。下面我们直接对其中最右一位数码管进行操作。

(1)一个数码管分时显示从0到9的程序流程图如图4-16所示。

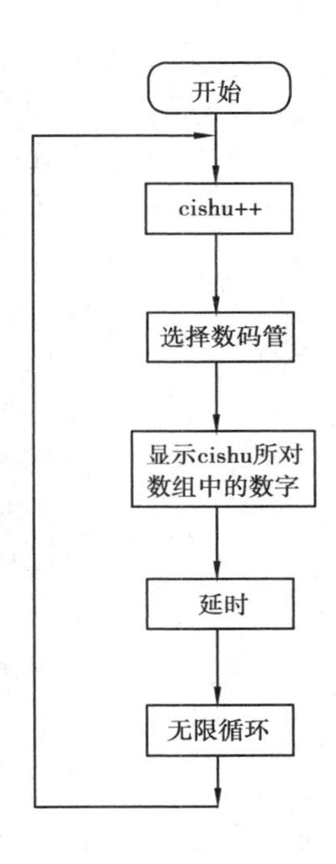

图4-16　数码管分时显示数字流程图

(2)源程序

```
/**********7段数码管实验二,让一个数码管分时显示数字0到9**/
/**************声明区*****************************
*************/
#include <reg51.h>                         //定义8051寄存器的头文件
/**声明一个无符号数组tab,共10个数组元素,每个元素都对应七段数码管的
一个数值码***/
unsigned char tab[] = {0xc0,0xf9,0xa4,0xb0,0x99,0x92,0x82,0xf8,0x80,0x90};
/**********声明延时函数*****************************
**********/
void delay(void)                           //延时大约0.5 s
```

```
{                                          //延时函数开始
unsigned int i =62470;                     //延时次数
while( - -i);                              //判判延时次数到了没有,没到续继
                                           //延时
}                                          //延时函数结束
/**********主函数***********************************
*****/
void main(void)
{                                          //主函数开始
unsigned char cishu;                       //声明无符号字符 cishu
while(1)                                   //无限循环
{                                          //无限循环开始
for(cishu =0;cishu <10;cishu ++)           //cishu 循环,循环 1 次加 1
    {
      P0 =0xfe;                            //用 P0 口选择最右边的一个数码管
      P1 = tab[cishu];                     //用 P1 口送数字码
      delay();                             //延时 0.5 s
      delay();                             //延时 0.5 s,总共延时 1 s
    }                                      //循环结束
}                                          //无限循环结束
}                                          //主函数结束
```

2. **程序调试**

(1)下载程序

按项目一中的下载步骤下载程序到芯片中。

(2)调试程序

程序正常后效果如图 4-17 所示。

图 4-17　程序效果图

在这个任务中我们用数组给端口送高低电平从而来点亮数码管中的几段让其显示数字,知道了数组的用法。

你能不能用单片机在数码管显示字母"E"呢?那么"F"字母呢?

将矩阵键盘从左到右,从下到上,分别设为0,1,2,3,4,5,6,7,8,9,A,B,C,D,E,F。当按下键时,在数码管上显示对应的键值。

自评

项目内容	完成要求	分配分值	完成情况	自评分值
编写程序	程序结构正确	20分		
	源程序正确	40分		
	调试程序正确	40分		

数组是按序排列的同类数据元素的集合数据结构。一个数组可以分解为多个数组元素,这些数组元素可以是基本数据类型或是构造类型。因此按数组元素的类型不同,数组又可分为数值数组、字符数组、指针数组、结构数组等各种类别。

1. 一维数组

(1)数组的声明的一般形式为:

类型说明符 数组名[数组的长度],……;其中,类型说明符是任一种基本数据类型或构造数据类型,数组名是用户定义的数组标识符,方括号中的常量表达式表示数据元素的个数。

例如:

int tab[10];说明整型数组tab,有10个元素。

char han[20];说明字符数组han,有20个元素。

(2)一维数组的几点说明

①数组的类型实际上是指数组元素的取值类型。对于同一个数组,其所有元素的数据类型都是相同的。

②数组名的书写规则应符合标识符的书写规定。

③数组名不能与其他变量名相同,例如:int、chaer 等。

④方括号中常量表达式表示数组元素的个数,如 a[5]表示数组 a 有 5 个元素,但是其下标从 0 开始计算,因此 5 个元素分别为 a[0],a[1],a[2],a[3],a[4]。

⑤不能在方括号中用变量来表示元素的个数,但是可以是符号常数或常量表达式。例如:

int a[3 +4];

是合法的。但是下述说明方式是错误的。

char num =7;

char a[num];

⑥允许在同一个类型说明中,说明多个数组和多个变量。

例如: int a,b,c,d,k1[10],k2[20];

数组中的数据在实际中存放是按顺存放在内存中,如 int a[ ] = {0x00,0x01,0x02};存放示意如下:

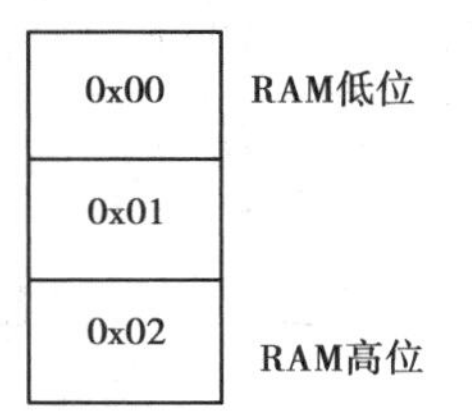

⑦数组的使用方法为:数组名[下标号],这样就可将数组中的值取出来了。

例如:b =a[0];就是将数组 a[ ]中最一个数取出送给变量,即 b 的值为 0x00。

2. 二维数组

(1)二维数组的声明的一般形式是:

类型说明符 数组名[常量表达式 1][常量表达式 2];

其中常量表达式 1 表示第一维下标的长度,常量表达式 2 表示第二维下标的长度。例如:

int a[3][4]; 说明了一个三行四列的数组,数组名为 a,其下标变量的类型为整型。该数组的下标变量共有 3 ×4 个,即:

a[0][0],a[0][1],a[0][2],a[0][3]

a[1][0],a[1][1],a[1][2],a[1][3]

a[2][0],a[2][1],a[2][2],a[2][3]

在 C 语言中,二维数组是按行排列的, 即放完一行之后顺次放入第二行。即按行顺次存放,先存放 a[0]行,再存放 a[1]行,最后存放 a[2]行。每行中有四个元素也是依次存放。

(2)二维数组中的元素的表示的形式为：数组名[下标][下标]

其中下标应为整型常量或整型表达式。例如：a[3][4] 表示a数组的第三行第四列的元素。下标变量和数组说明在形式中有些相似，但这两者具有完全不同的含义。数组说明的方括号中给出的是某一维的长度，即可取下标的最大值；而数组元素中的下标是该元素在数组中的位置标识。前者只能是常量，后者可以是常量，变量或表达式。

(3)二维数组初始化也是在类型说明时给各下标变量赋以初值。二维数组可按行分段赋值，也可按行连续赋值。例如对数组 a[5][3]：

A. 按行分段赋值可写为：

static int a[5][3] = { {80,75,92},{61,65,71},{59,63,70},{85,87,90},{76,77,85} };

B. 按行连续赋值可写为 static int a[5][3] = { 80,75,92,61,65,71,59,63,70,85,87,90,76,77,85 };

这两种赋初值的结果是完全相同的。

对于二维数组初始化赋值还有以下说明：

A. 可以只对部分元素赋初值，未赋初值的元素自动取0值。

例如：static int a[3][3] = {{1},{2},{3}}；是对每一行的第一列元素赋值，未赋值的元素取0值。赋值后各元素的值为：1 0 02 0 03 0 0

static int a [3][3] = {{0,1},{0,0,2},}；赋值后的元素值为 0 1 00 0 23 0 0

B. 如对全部元素赋初值，则第一维的长度可以不给出。

例如：static int a[3][3] = {1,2,3,4,5,6,7,8,9}；可以写为：static int a[ ][3] = {1,2,3,4,5,6,7,8,9}；

任务3　控制4个数码管

一、任务引入

前面我们都是让一个数码管显示数字，实际生活中，我们经常看到同时多个数码管显示数字的情况。如数字万用表，同时在屏幕上显示的就有4个数字。下面看一下，让4个数码管显示“0123”的情况效果，如图4-18所示。

图 4-18　4 个数码管显示“0123”

二、任务要求

(1)正确编写程序。
(2)让 4 个数码管同时显示数字“0123”。

三、准备工作

(1)上一任务电路板一块,如图 4-19 所示。

图 4-19　上一任务电路板

(2)原理图同上一任务。

四、作业流程图

器材准备好后请按图 4-20 进行作业。

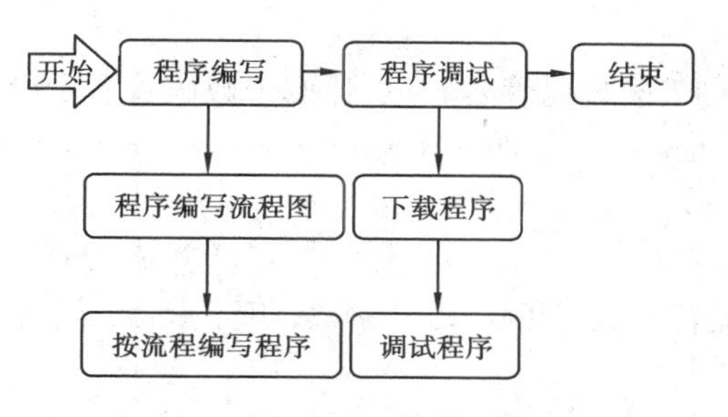

图4-20　一个数码管控制作业流程图

五、作业过程

1. 编写控制程序

在上一任务中我们只对其中一位数码管进行控制，而在本任务中，我们将对四个数码管分别进行显示控制。从左到右分别显示0，1，2，3四个数字。

（1）四个数码管分别显示0，1，2，3四个数字流程图，如图4-21所示。

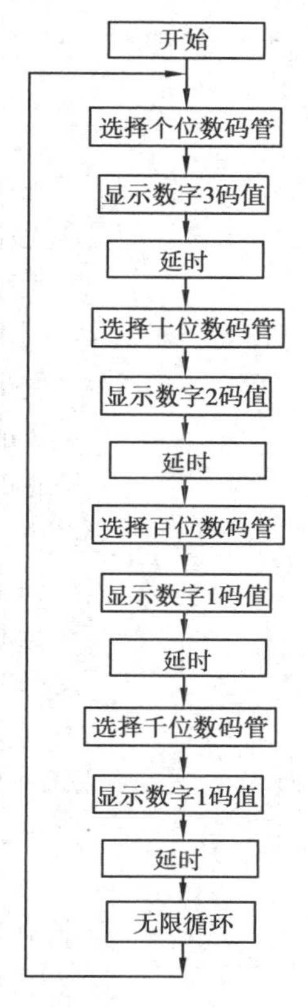

图4-21　四个数码管显示“0123”的流程图

(2)源程序

```
/*********7段数码管实验三,让四个数码管显示数字"0123"***/
/**************声明区*****************************
*************/
#include <reg51.h>                    //定义8051寄存器的头文件
/**声明一个无符号数组tab,共10个数组元素,每个元素都对应七段数码管的
一个数值码***/
unsigned char tab[] = {0xc0,0xf9,0xa4,0xb0,0x99,0x92,0x82,0xf8,0x80,0x90};
/*********声明延时函数****************************
**********/
void delay(void)                      //延时大约0.5 s
{                                     //延时函数开始
unsigned int i = 62470;               //延时次数
while(--i);                           //判断延时次数到了没有,没到继续
                                      //延时
}                                     //延时函数结束
/*********主函数*********************************
*****/
void main(void)
{                                     //主函数开始
while(1)                              //无限循环
    {                                 //无限循环开始
        P0 = 0xfe;                    //用P0口选择最右边的一个数码管
        P1 = tab[3];                  //用P1口送数字"3"的码值
        delay();                      //延时0.5 s
        delay();                      //延时0.5 s
        P0 = 0xfd;                    //用P0口选择右边的第二个数码管
        P1 = tab[2];                  //用P1口送数字2的码值
        delay();                      //延时0.5 s
        delay();                      //延时0.5 s
        P0 = 0xfb;                    //用P0口选择右边的第三个数码管
        P1 = tab[1];                  //用P1口送数字1的码值
        delay();                      //延时0.5 s
        delay();                      //延时0.5 s
        P0 = 0xf7;                    //用P0口选择右边的第四个数码管
        P1 = tab[0];                  //用P1口送数字0的码值
        delay();                      //延时0.5 s
```

```
        delay();                              //延时0.5 s
    }                                         //无限循环结束
}                                             //主函数结束
```

上述主函数也可写为

```
void main (void)
{
    unsigned char i;                          //选管变量
    while(1)
    {
      for(i=0;i<4;i++)
        {
          P0 = ~(0x01 <<i);                  //根据i的值选择对应的数码管
          P1 =tab[3-i];                       //送相应的数字码值
        }
    }
}
```

2. 程序调试

(1)下载程序

按项目一中的下载步骤下载程序到芯片中。

(2)调试程序

程序正常后效果如图4-22所示。

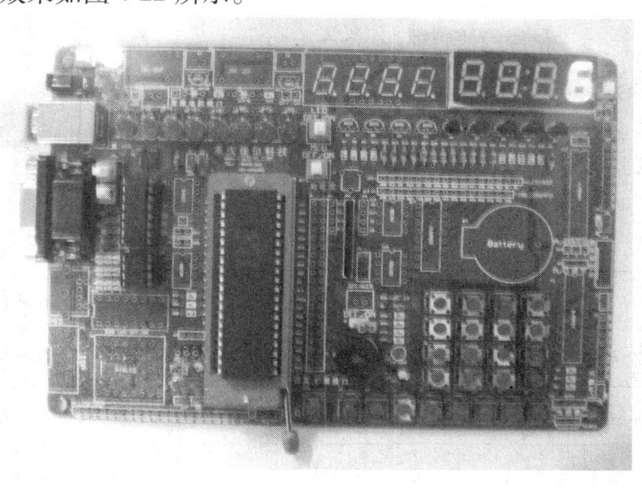

图4-22　程序效果图

在这个任务中,我们用P0端口的某位来选择某一个数码管,用P1端口给数码管码值,让四个数码管分别显示了一个数字。

在我们的程序中，数字是一个一个的显示的，能不能让"0123"四个数字同时显示出来呢？

请大家将自己的程序写单片机，看能不能让"0123"四个数字同时显示出来。

自评

项目内容	完成要求	分配分值	完成情况	自评分值
编写程序	程序结构正确	20 分		
	源程序正确	40 分		
	调试程序正确	40 分		

1. **循环移位**

设 a = 0x45，则将 a 循环左移如下所示：

十六进制

a	01001001	0x45
循环左移一次	10010010	0x92
循环左移二次	00100101	0x25
循环左移三次	01001010	0x45

将 a 循环左移 n 位，即将原来右面 $(8-n)$ 位左移 n 位，而将原来左端的 n 位移到最右面 n 位，则 a 循环右移如下所示：

十六进制

a	01011001	0x59
循环右移一次	10101100	0xac
循环右移二次	01010110	0x56
循环右移三次	00101011	0x2b

将a循环右移 n 位,即将原来左面 $(8-n)$ 位右移 n 位,而将原来右端的 n 位移到最右面 n 位。

在单片机中,INTRINS.h文件中定义循环移位函数。

crol(unsigned char val,unsigned char n)字符循环左移

cror(unsigned char val,unsigned char n)字符循环右移

irol(unsigned char val,unsigned char n) 整数循环左移

iror(unsigned char val,unsigned char n)整数循环右移

lrol(unsigned char val,unsigned char n)长整数循环左移

lror (unsigned char val,unsigned char n)长整数循环右移

其中:_crol_,_irol_,_lrol_以位形式将val 左移 n 位,_cror_,_iror_,_lror_以位形式将val右移 n 位。在实际应用中,我们只需将INTRINS.h头文件包含进去,在程序中即可使用上述六个函数了。

2.除法运算"/"

在C语言中表示除法语句是:A/B。例:

int a =10,b =2,c;

c = a/b;

则c的值为5。

C语言规定:整形/整形=整形,浮点型/整形 或者 整形/浮点型 =浮点型。因而当有表达式5/2其值不是我们想的2.5而是2,在使用中要注意。想得到2.5则必须对数据类型转化。如用:int a =4,b =6;

float c;

c =(float)a/b;即可。

3.取模运算"%"

在C语言中表示取模语句是:A % B。其意思就是求A/B的余数。例:

3%2结果就是1

注意:%要求两边必须是整型。

任务4　控制8个数码管显示0～7

一、任务引入

前面都是让4个数码管显示“0123”，但在实际生活中，我们经常看到同时6个数码管显示不同数字的情况。如数字电子钟，同时在屏幕上可显示的就有6个不同数字。下面看一下，让8个数码管分别显示“0～7”的情况效果如图4-23所示。

图4-23　8个数码管显示0～7

二、任务要求

(1)正确识读原理图。
(2)正确安装电路。
(3)正确编写程序。
(4)让8个数码管分别显示数字“01234567”。

三、准备工作

1. 器材准备

(1)上一任务电路板一块，如图4-24所示。
(2)控制8位数码管显示的电路器材，如图4-25所示。

图 4-24 上一任务电路板

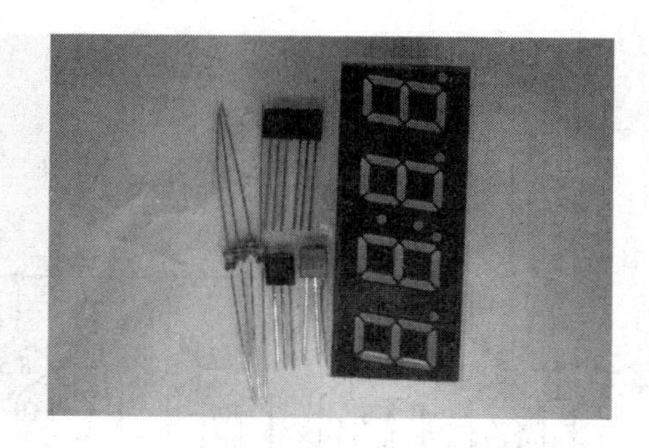

图 4-25 控制 8 位数码管显示的电路器材图

2. 工具准备

安装工具一套。

四、作业流程图

器材准备好后请按图 4-26 进行作业：

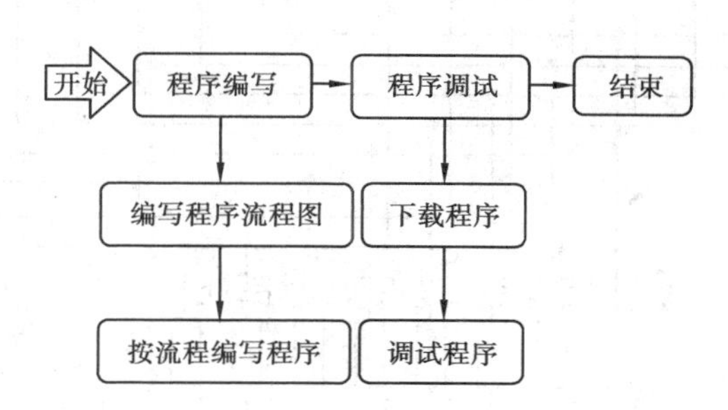

图 4-26 控制 8 位数码管显示作业流程图

五、作业过程

1. 识读电路图

控制 8 位数码管显示电路原理图如图 4-27 所示。

2. 安装控制 8 位数码管显示电路

(1)对器材进行检测。

(2)先根据原理图把元件找到对应的位置，置于表 4-3 中。

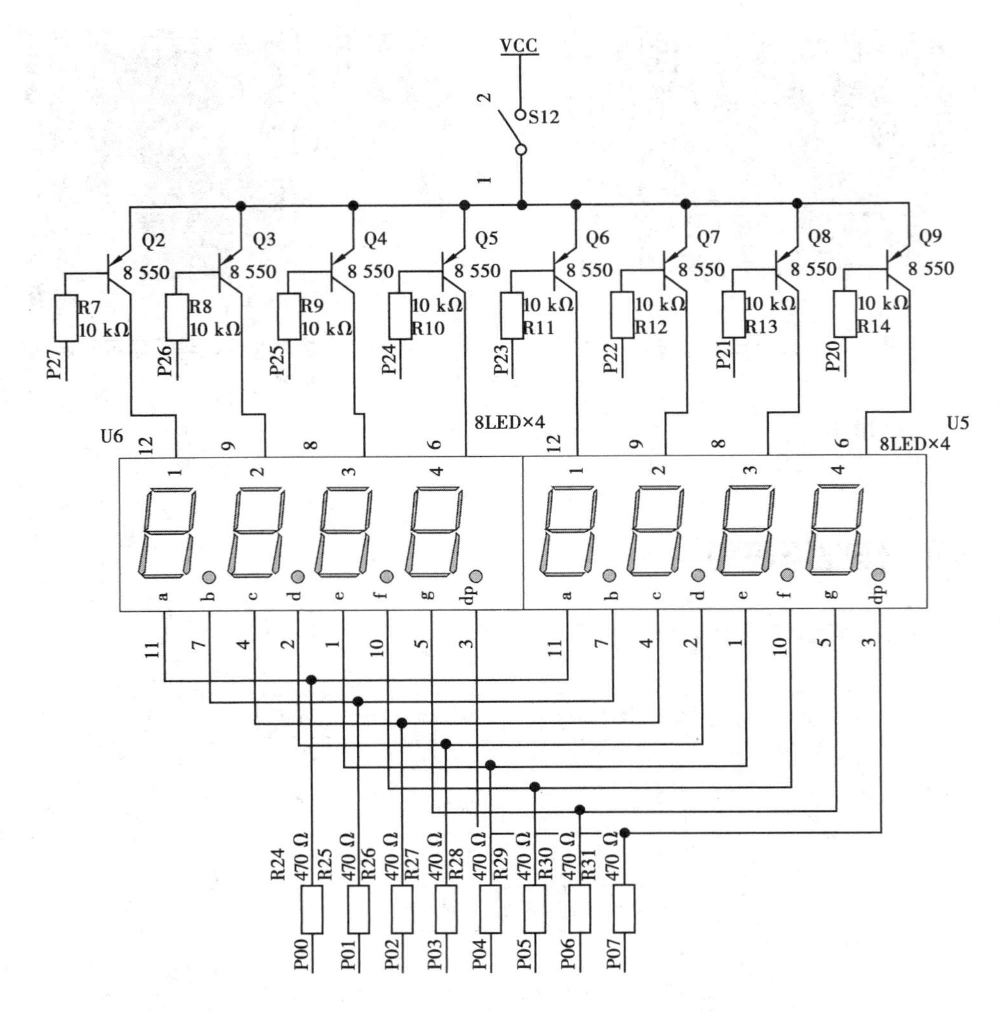

图 4-27　控制 8 位数码管显示电路原理图

表 4-3　元件安装表

元件名称	元件参数	元件数量
数码管	—	1
电阻	470 Ω	8
电阻	10 kΩ	8
三极管	8550	4

(3)按电路图进行安装、焊接,完成后如图 4-28 所示。

图 4-28 元件安装完成效果图

3. 编写控制程序

(1)控制 8 位数码管显示按图 4-29 所示流程执行程序。

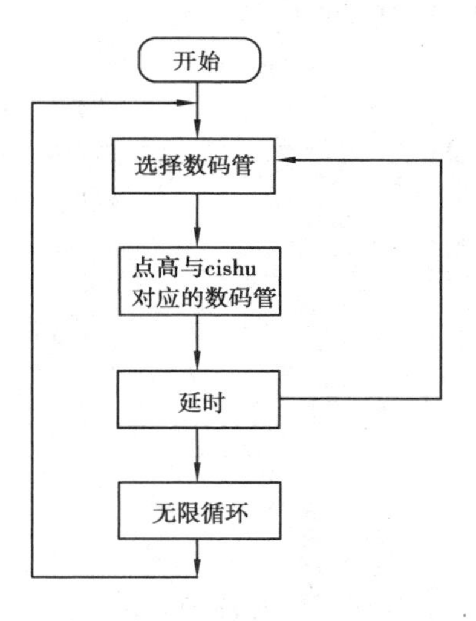

图 4-29 控制 8 位数码管显示流程图

(2)源程序

/＊＊＊＊＊＊＊＊＊＊7 段数码管实验四,控制 8 位数码管显示数字“0～7”＊＊＊/

/＊＊＊＊＊＊＊＊＊＊＊＊＊＊声明区＊＊＊/

#include <reg51.h> //定义 8051 寄存器的头文件

/＊＊声明一个无符号数组 tab,共 10 个数组元素,每个元素都对应七段数码管的一个数值码＊＊＊/

unsigned char tab[ ] = {0xc0,0xf9,0xa4,0xb0,0x99,0x92,0x82,0xf8,0x80,0x90};

/＊＊＊＊＊＊＊＊＊＊声明延时函数＊＊/

```
void delay(void)
{
unsigned int i =50;
while(--i);
}
/*********主函数*************************************
*****/
void main(void)
{
unsigned char cishu;                          //选择管变量
while(1)
  {
    for(cishu =0;cishu <8;cishu ++)
      {
        P0 = ~(0x01 << cishu);                //选择 cishu 所对应的管子
        P1 = tab[7-cishu];                    //送 7-cishu 所对的数字码值
        delay();                              //延时
        delay();
      }
  }

}
```

4. **程序调试**

(1)下载程序

按项目一中的下载步骤下载程序到芯片中。

(2)调试程序

程序正常后效果如图 4-30 所示。

图 4-30　程序效果图

在这个任务中我们安装了一个七段数码管电路,学会了动态显示数字。

如果延时时间过长如0.5 ms,会发生什么情况呢?

将延时时间改为0.5 ms,编程完成后运行程序,看看有什么效果。

自评

项目内容	完成要求	分配分值	完成情况	自评分值
焊接基本电路	元件对应位置安装	20分		
	元件高度一致	10分		
	元件水平安装水平	10分		
	元件垂直安装垂直	10分		
编写程序	程序结构正确	10分		
	源程序正确	20分		
	调试程序正确	20分		

1. 常量和变量

按其取值是否可改变又分为常量和变量两种。在程序执行过程中,其存储空间中的值不发生改变的量称为常量,其存储空间中的值可变的量称为变量。声明方式如下:

数据类型　常数;　　　　　　　　　　//声明一个常量

数据类型　变量名(=初始值);　　　　//声明一个变量

其中(=初始值)不是必须的,只有对一个变量在声明的同时又要求给初值时才用。

2. **常量**

C 语言中的常量是不接受程序修改的固定值,常量可为任意数据类型,如下例所示:

数据类型	常量举例
char	'a'、'\n'、'9'
int	21、123、2 100、-234
long int	35 000、-34
short int	10、-12、90
unsigned int	10 000、987、40 000
float	123.23、4.34e-3
double	123.23、12 312 333、-0.987 623 4

C 语言还支持另一种预定义数据类型的常量,这就是串。所有串常量括在双撇号之间,例如"This is a test"。切记,不要把字符和串相混淆,单个字符常量是由单撇号括起来的,如'a'。

3. **变量**

其值可以改变的量称为变量。一个变量应该有一个名字(标识符),在内存中占据一定的存储单元,在该存储单元中存放变量的值。请注意区分变量名和变量值这两个不同的概念。所有的 C 变量必须在使用之前定义,定义变量的一般形式是:

type variable_list;

这里的 type 必须是有效的 C 数据类型,variable_list(变量表)可以由一个或多个由逗号分隔的多个标识符名构成。下面给出一些定义的范例。

```
int i, j, l;
short int si;
unsigned int ui;
double balance, profit,loss;
```

注意 C 语言中变量名与其类型无关

4. **数据类型**

所谓数据类型是按被定义变量的性质、表示形式、占据存储空间的多少、构造特点来划分的。在 C 语言中,数据类型可分为基本数据类型、构造数据类型、指针类型、空类型四大类。

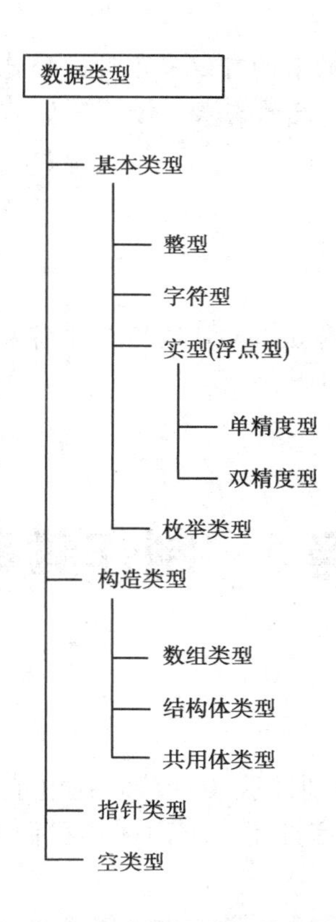

A. 基本数据类型:基本数据类型最主要的特点是,其值不可以再分解为其他类型。也就是说,基本数据类型是自我说明的。

B. 构造数据类型:构造数据类型是根据已定义的一个或多个数据类型用构造的方法来定义的。也就是说,一个构造类型的值可以分解成若干个“成员”或“元素”。每个“成员”都是一个基本数据类型或又是一个构造类型。在C语言中,构造类型有以下几种:

- 数组类型
- 结构体类型
- 共用体(联合)类型

C. 指针类型:指针是一种特殊的,同时又是具有重要作用的数据类型。其值用来表示某个变量在内存储器中的地址。虽然指针变量的取值类似于整型量,但这是两个类型完全不同的量,因此不能混为一谈。

D. 空类型:在调用函数值时,通常应向调用者返回一个函数值。但是,也有一类函数,调用后并不需要向调用者返回函数值,这种函数可以定义为“空类型”,其类型说明符为void。

C语言还提供了几种聚合类型(aggregate types),包括数组、指针、结构、共用体(联合)、位域和枚举。

除 void 类型外,基本类型的前面可以有各种修饰符。修饰符用来改变基本类型的意义,以便更准确地适应各种情况的需求。修饰符如下:

- signed(有符号)
- unsigned(无符号)
- long(长型符)
- short(短型符)

修饰符 signed、short、long 和 unsigned 适用于字符和整数两种基本类型,而 long 还可用于 double。

任务 5 制作频率计

一、任务引入

前面都是让 8 个数码管分别显示“0 ~ 7”。在电子专业我们经常会用测量某一个信号的频率,这时就会用到频率计了。下面就让我们看一下单片机制作的频率计效果,如图 4-31 所示。

图 4-31 频率计效果图

二、任务要求

(1)正确编写程序。

(2)让 8 个数码管显示信号的频率值。

三、准备工作

上一任务电路板一块,如图 4-32 所示。

图 4-32　上一任务电路板

四、作业流程图

器材准备好后请按图 4-33 进行作业。

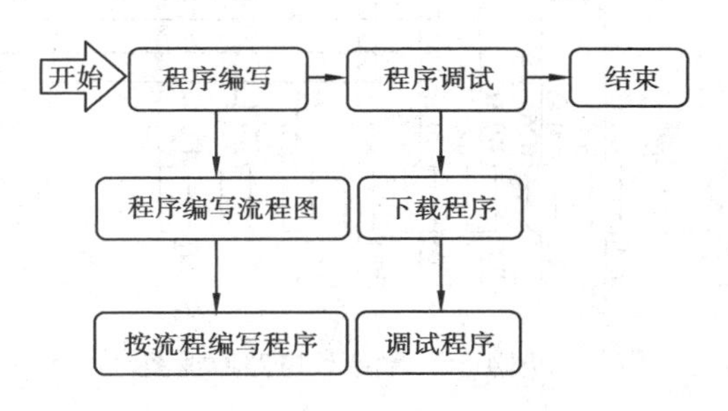

图 4-33　制作频率计作业流程图

五、作业过程

1. 识读电路图

制作频率计电路原理图如图 4-34 所示。
外部信号输入接在 T1 输入脚即 P3.5 上。

2. 编写控制程序

(1)频率计电路按如下流程执行程序,如图 4-35 所示。

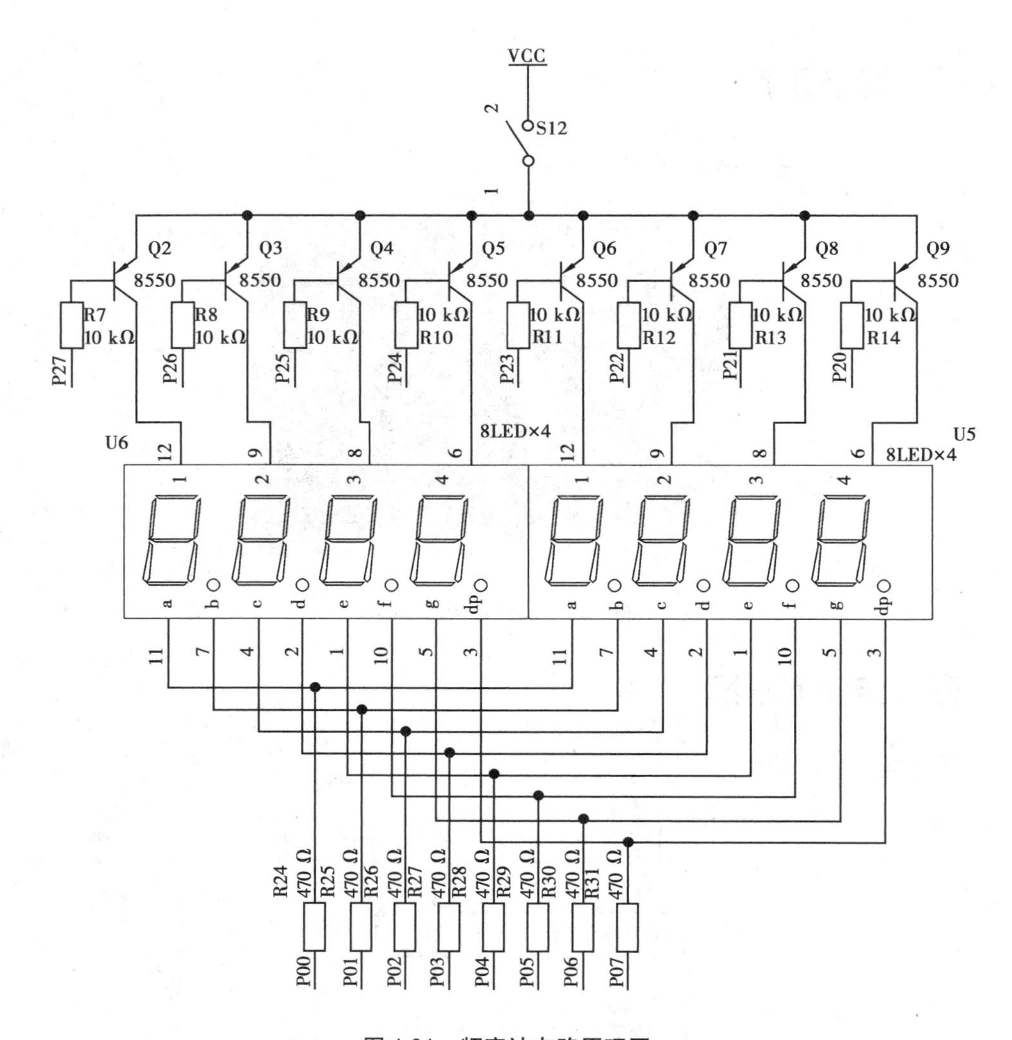

图 4-34 频率计电路原理图

(2)源程序

```
/ * * * * * * * * * *7 段数码管实验五,制作频率计程序 * * */
/ * * * * * * * * * * * * * *声明区 * * * * * * * * * * * * * * * * * * * * * * * * * * * * * * * * * * * * * * * * * * */
#include < reg51. h >                 //定义 8051 寄存器的头文件
#define uchar unsigned char            //宏定义
#define uint unsigned int              //宏定义
#define TH00-49954/256                 //宏定义
#define TL00-49954%256                 //宏定义
/ * *声明一个无符号数组 tab,共 10 个数组元素,每个元素都对应七段数码管的一个数值码 * * */
```

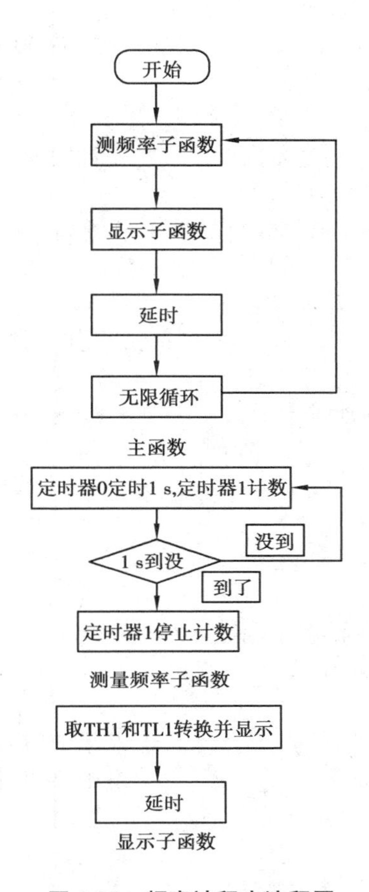

图4-35 频率计程序流程图

```
uchar code tab[ ] = {0xc0,0xf9,0xa4,0xb0,0x99,0x92,0x82,0xf8,0x80,0x90};
uint shijian, a,b,shu[11];              //声明计时变时 shijian,脉冲个数高 8
                                        //位 a, 脉冲个数低 8 位 b, 脉冲个
                                        //数存放数组 shu
ucahr T1yichu;                          //声明定时/计数器 1 中断次数
/********定时/计数器 0 子函数*************/
void tim0(void) interrupt 1
{
  TH0 = TH00;                           //定时/计数器 0 初值
  TL0 = TL00;                           //
  TR1 = 1;                              //启动定时/计数器 1
  TR0 = 1;                              //启动定时/计数器 0
  if(shijian  >20)                      //定时 1 s 到了没有
  {
    TR1 =0;                             //停止定时/计数器 1
    TR0 =0;                             //停止定时/计数器 0
```

```
      shijian  =0;                              //计时 50 ms 次数归零
    }
    else
    shijian  ++;                                //计时 50 ms 次数加 1
}
/****************定时/计数器 1 子函数*****************/
void tim1(void) interrupt 3
{
    T1yichu++;                                  //定时/计数器 1 溢出数
}
/**************延时子函数************************/
void delay(void)
{
    uint i=500;
    while(--i);
}
/**************显示子函数************************/
void disp(uchar one,uchar two)
{
    P0=one;                                     //用 P0 口选择最右边的一个数码管
    P1=two;                                     //用 P1 口送数字 3 的码值
    delay();                                    //延时
    P0=0xff;                                    //关显示
    P1=0xff;
}
/*******************主函数************************/
void main(void)
{
    uint i,jici;                                //jici 是测到第几次
    long int xianshi;                           //最后总的脉冲个数
    TMOD=0x51;                                  //定时器状态字 T0 定时模式,T1 计
                                                //数模式
    EA=1;                                       //开总中断
    ET0=ET1=1;                                  //开定时/计数器 0 和 1 的中断
    TH0=TH00;                                   //初值
    TL0=TL00;
    TH1=TL1=0;
    TR0=1;                                      //启动定时/计数器 0
    while(1)                                    //死循环
    {
```

```
            if(TR0 ==0)                    //定时 1 s 到了没有
    {
      if(jici >10)                         //测频率次数达到 10 次没有
      {
            for(i =0;i <10;i ++)
            xianshi = shu[i] + xianshi;    //计算总的频率数
            TH1 = TL1 =0;                  //给初值
            TH0 = TH00;
            TL0 = TL00;
            xianshi = xianshi/10;          //10 次频率的平均数
            jici =0;                       //给初值
      }
      else
            shu[jici-1] = T1yichu * 65536 + TH1 * 256 + TL1; //将本次测频率
                                                             //值放入数组中
      TR0 =1;                                                //再次启动
      jici ++;                                               //启动下一次测频率
   }
   disp(0xfe,tab[xianshi/100000%10]);                        //显示频率最高位
   disp(0xfd,tab[xianshi/10000%10]);
   disp(0xfb,tab[xianshi/1000%10]);
   disp(0xf7,tab[xianshi/100%10]);
   disp(0xef,tab[xianshi/10%10]);
   disp(0xdf,tab[xianshi%10]);                               //显示频率最低位
   }
}
```

3. 程序调试

(1)下载程序

按项目一中的下载步骤下载程序到芯片中。

(2)调试程序

程序正常后效果如图 4-36 所示。

在这个任务中我们安装了一个七段数码管电路,学会了动态显示数字,并了解 float 数字及怎样通过取模来从一个数中取中某一位数字。

如果延时时间过长如 0.5 ms,会发生什么情况呢?

图 4-36 程序效果图

将延时时间改为 0.5 ms，编程完成后，运行程序，看看有什么效果。

自评

项目内容	完成要求	分配分值	完成情况	自评分值
编写程序	程序结构正确	20 分		
	源程序正确	40 分		
	调试程序正确	40 分		

定时器用做计数器

在 51 系列单片机中，有两个定时器 T0 和 T1。对定时/读数器的控制可分为四步：1. 设置工作方式；2. 开中断；3. 设置定时/读数器初值；4. 启动定/读数器。

1. **设置工作方式**

51 系列单片机的工作方式主要是通过内部特殊寄存器 TMOD 来完成。TMOD 是一个逐位定义的 8 位寄存器，但只能使用字节寻址的寄存器，字节地址为 89H。

其格式为：

其中低四位定义定时器/计数器 T0，高四位定义定时器/计数器 T1，各位的说明：

Ⅰ. GATE——门控制。

● GATE = 1 时，由外部中断引脚 INT0、INT1 和控制寄存器的 TR0、TR1 来启动定

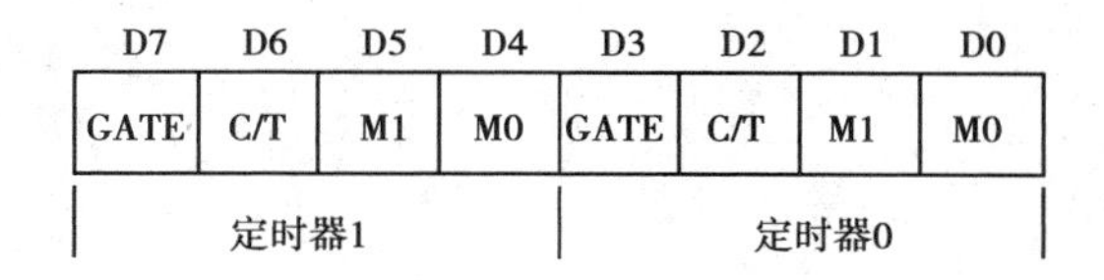

TMOD工作方式控制寄存器

时器。

当 INT0 引脚为高电平时 TR0 置位,启动定时器 T0;

当 INT1 引脚为高电平时 TR1 置位,启动定时器 T1。

- GATE =0 时,仅由 TR0、TR1 置位分别启动定时器 T0、T1。

Ⅱ. C/T——功能选择位

置位时选择计数功能,清零时选择定时功能。

Ⅲ. M0、M1——方式选择功能

由于有 2 位,因此有 4 种工作方式:

M1M0	工作方式	计数器模式	TMOD(设置定时器模式)
0 0	方式 0	13 位计数器	TMOD =0x00
0 1	方式 1	16 位计数器	TMOD =0x01
1 0	方式 2	自动重装 8 位计数器	TMOD =0x02
1 1	方式 3	T0 分为 2 个 8 位计数器,T1 为波特率发生器	TMOD =0x03

2. **开中断**

51 系列为二级中断,因而中断要开二次,分别是总中断 EA 和定时/读数器 T0 的中断允许位 EX0 或定时/读数器 T1 的中断允许位 EX1。当他们的值为 1 时允许中断,其值为 0 时禁止中断。也可以直接用中断寄存器 IE 来控制。

3. **设置定时/读数器初值**

定时/读数器初值由定时/读数 0 或定时/读数 1 高字节 TH0 或 TH1 以及定时/读数 0 或定时/读数 1 的低字节 TL0 或 TL1 来设定。

例如:TH0 =0x00;　//代表将定时/读数 0 的高字节设置为 0x00

TL0 =0x0f;　//代表将定时/读数 0 的低字节设置为 0x0f

4. **启动定时/读数器**

当 GATE 为 1 时,需要 TR0(或 TR1)和 INT0(或 INT1)同时为高才启动对应的定时/读数器工作。

当 GATE 为 0 时,由 TR0 或 TR1 为高即可控制对应的定时/读数器工作。

学习检测

1. 在程序中,宏定义和函数的区别(　　)

A)宏定义节省省了存储空间,函数消耗了时间

B)宏定义消耗了存储空间,函数消耗了时间

2.
```
#define MIN(x,y) (x)>(y)? (x):(y)
#define T(x,y,r) x*r*y/4
main()
{int a=1,b=3,c=5,s1,s2;
s1=MIN(a=b,b-a);
s2=T(a++,a* ++b,a+b+c);
}
```

问执行后 s1 和 s2 值分别是多少?

3. 设数组 a[10..100,20..100]以行优先的方式顺序存储,每个元素占 4 个字节,且已知 a[10,20]的地址为 1 000,则 a[50,90]的地址是(　　)。

A)14 350　　B)14 240　　C)15 340　　D)13 250

4. 已知数组 a 中,每个元素 a[i,j]在存储时要占 3 个字节,设 i 从 1 变化到 8, j 从 1 变化到 10,分配内存时是从地址 sa 开始连续按行存储分配的。试问:a[5,8] 的起始地址为(　　)。

5. 设一个操作数 x 有 s 位,则循环左移 n 位的操作为:

(x<<n)|(x>>(s-n));

同理右移 n 位:

(x>>n)|(x<<(s-n));此说法正确不,请说明理由。

6. 若 x、i、j、k 都是 int 型变量,则计算下面表达式后,x 的值为(　　)。

x=(i=4,j=16,k=32)

A)4　　B)16　　C)32　　D)52

7. 设有说明:char w; int x; float y; double z;则表达式 w*x+z-y 值的数据类型为(　　)。

A)float　　B)char　　C)int　　D)double

8. 简述 LED 数码管动态扫描的原理及其实现方式。

9. 要求:编写一个计数器程序,将 T0 作为计数器来使用,对外部信号计数,将所计数字显示在数码管上。

10. 如何运用两个定时/计数器相串联来产生 1 s 的时钟基准信号。试画出必要的电路部分,并写出程序(设晶振频率为 12 MHz,用 LED 显示秒信号。注:计数器输入端为 P3.4(T0)、P3.5(T1))。

项目5 继电器控制

情景创设

在现代自动控制设备中，都存在一个电子电路（弱电）与电气电路（强电）的互相连接问题，一方面要使电子电路的控制信号能够控制电气电路的执行元件（如电动机、电磁铁、电灯等），另一方面又要为电子电路和电气电路提供良好的电隔离，以保护电子电路和人身的安全。我们通常使用继电器作为桥梁，在日常生活中到处都看到各种受控器件，它们都是应用信号去实现电路通断或者控制器完成相应的操作。如汽车中的雨刮器、工业控制的PLC和电力部门线路切换等，其实它就是单片机的一些简单应用，如下图5-1所示。

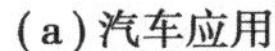

（a）汽车应用

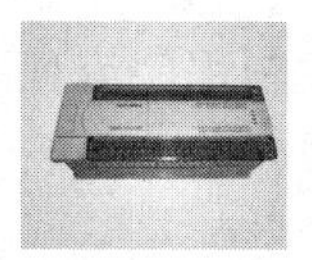

（b）工业控制

（c）线路切换

图5-1　单片机继电器控制实例

前面已经对单片机的基础知识进行了学习，下面就对单片机怎样来控制继电器的知识进行学习。

知识目标

知道继电器工作原理。

知道继电器控制原理。

知道继电器控制操作方式。

能力目标

会安装继电器控制电路。

会编程控制一个继电器。

会编程控制多个继电器。

任务1 控制一个继电器

一、任务引入

继电器是一种电子控制元件,具有控制系统(又称输入回路)和被控制系统(又称输出回路),通常应用于自动控制电路中。继电器实际上是用较小的电流去控制较大电流的一种"自动开关",在电路中起着自动调节、安全保护、转换电路等作用。下面我们就以人行道指示灯为例进行讲解。控制绿灯亮如图5-2所示。

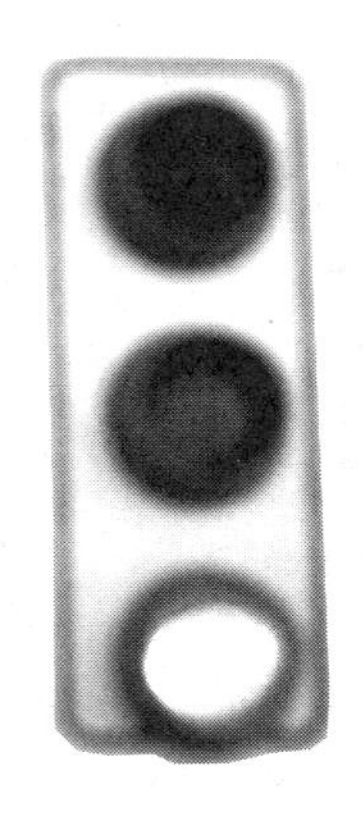

图5-2 继电器控制交通绿灯效果图

二、任务要求

(1)会识别控制电路原理图。
(2)能正确安装元件。
(3)会绘制继电器控制程序流程图。
(4)会编写控制程序。

三、准备工作

1. **器材准备**

(1) 任务电路板一块。
(2)一个继电器电路器材,如图5-3所示。
(3)一个继电器电路原理图。

图5-3 器材准备图

2. **工具准备**

电路安装工具一套,交通灯指示一组。

四、作业流程图

器材准备好后请按图5-4进行作业。

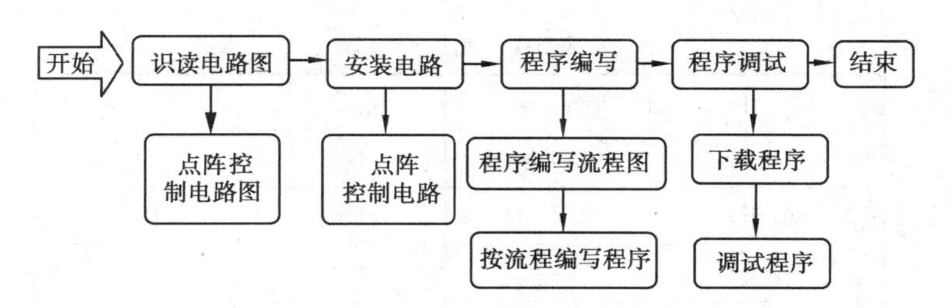

图 5-4 继电器控制作业流程图

五、作业过程

1. 识读电路图

继电器控制电路图如 5-5 所示。

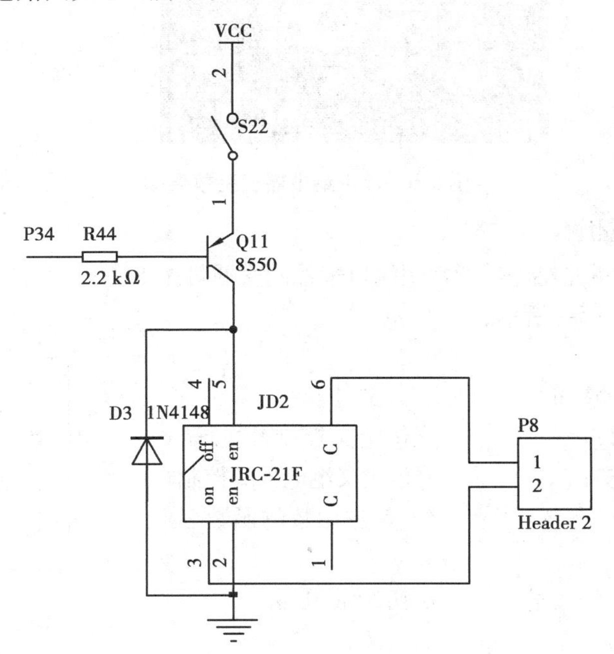

图 5-5 继电器控制电路图

2. 安装一个继电器电路

(1)对器材进行检测。

(2)先根据原理图把元件找到对应的位置,置于表 5-1 中。

表 5-1　元件安装表

名　称	参　数	数　量	符　号
二极管	IN4148	1 个	D3
电阻	2.2 kΩ	1 只	R44
开关	—	1 个	S22
三极管	8 550	1 只	Q11
继电器	JRC-21F	1 只	JD2
输出端口	—	1 个	P8

(3)按电路图进行安装、焊接,完成后如图 5-6 所示。

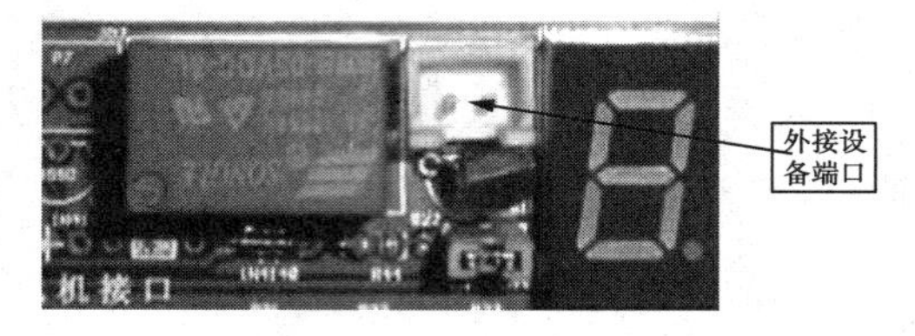

图 5-6　单个继电器安装效果图

3. 编写控制程序

(1)由于使用的是继电器的常闭端口来控制交通灯按如下流程执行程序,如图 5-7 所示。

JD2=1
While(1)
S7==0
N
Y
JD2=0

图 5-7　单个继电器控制流程图

(2)源程序

```
#include <reg51.h>            //头文件。
sbit S7 = P3^2;               //位定义控制开关 S7
sbit JD2 = P3^4;              //位定义继电器 2 控制端口
void main()                   /*是主函数的函数名*/
{
  JD2 = 1;                    //初始继电器
  while(1)
  {
      while(S7 ==0);          //判断控制开关状态。(如果是按下状态则启动下一
                              //条程序,如果不是就保持现在的状态)
        JD2 =0;               //继电器动作
      }
  }
}
```

4. 程序调试

(1)下载程序

使用USB或者RS232下载方式把已经写好的程序下载到芯片中进行调试。具体操作步骤请参考项目一任务4。

(2)调试程序

程序正常后效果如图5-8所示。

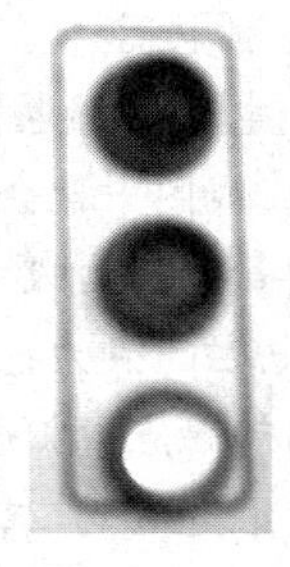

图5-8 交通灯绿灯亮图

在这个任务中安装了继电器控制电路,知道了继电器的作用及其结构,学会了编写一个继电器的控制程序,并成功地进行了交通灯控制。

如果使用的是继电器的常开又应该怎么编写程序?

不用手动操作,使用时间间隔控制继电器通断。

自评

项目内容	完成要求	分配分值	完成情况	自评分值
焊接基本电路	元件对应位置安装	20分		
	元件高度一致	10分		
	元件水平安装水平	10分		
	元件垂直安装垂直	10分		
编写程序	程序结构正确	10分		
	源程序正确	20分		
	调试程序正确	20分		

图5-9 继电器实物图

继电器就是一个电磁铁,这个电磁铁的衔铁可以闭合或断开一个或数个触点。当电磁铁的线圈中有电流通过时,衔铁被电磁铁吸引,因而就改变了触点的状态。继电器一般可以分为电磁式继电器、热敏干簧继电器、固态继电器等。本实验板上配置的继电器如图5-9所示。

电磁式继电器一般由铁芯、铁圈、衔铁、触点簧片等组成。只要在线圈两端加上一定的电压,线圈中就会流过一定的电流,从而产生电磁效应,衔铁就会在电磁力的作用下克服返回弹簧的拉力吸向铁芯,从而带动衔铁的动触点与静触点(常开触点)吸合。当线圈断电后,电磁的吸力也随之消失,衔铁就会在弹簧的反作用力下返回原来的位置,使动触点与原来的静触点(常闭触点)吸合。这样吸合、释放,从而达到了在电路中的导通、切断的目的。对于继电器的"常开"、"常闭"触点,可以这样来区分:继电器线圈未通电时处于断开状态的静触点,称为"常开触点";处于接通状态的静触点称为"常闭触点"。

热敏干簧继电器是一种利用热敏磁性材料检测和控制温度的新型热敏开关,它由感温磁环、恒磁环、干簧管、导热安装片、塑料衬底及其他一些附件组成。热敏干簧继电器不用线圈励磁,而由恒磁环产生的磁力驱动开关动作。恒磁环能否向干簧管提供磁力是由感温磁环的温控特性决定的。

固态继电器是一种两个接线端为输入端,另两个接线端为输出端的四端元件,中间采用隔离元件实现输入输出的电隔离。

固态继电器按负载电源类型可分为交流型和直流型;按开关型式可分为常开型和常闭型;按隔离型式可分为混合型;变压器隔离型和光隔离型,以光隔离型为最多。

任务2　控制两个继电器

一、任务引入

前面讲了继电器的很多作用,也进行了单个继电器控制人行横道绿灯程序编写。而人行横道不止一个灯,在现实中也很少只用一个继电器控制的电路,一般都是由多个继电器一起控制。下面就以两个继电器控制人行道指示红绿灯为例进行讲解,多个继电器控制以此类推。控制红绿灯亮如图5-10所示。

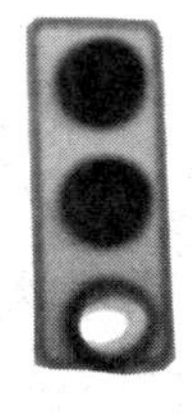

(a)绿灯亮

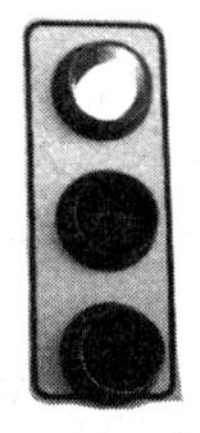

(b)红灯亮

图5-10　继电器控制交通红绿灯效果图

二、任务要求

(1)会识别控制电路原理图。
(2)能正确安装元件。
(3)会绘制继电器控制程序流程图。
(4)会编写控制程序。

三、准备工作

1. 器材准备

(1)任务电路板一块。
(2)一个继电器电路器材,如图 5-11 所示。
(3)一个继电器电路原理图。

图 5-11 器材准备图

2. 工具准备

电路安装工具一套,交通灯指示一组。

四、作业流程图

器材准备好后请按图 5-12 进行作业。

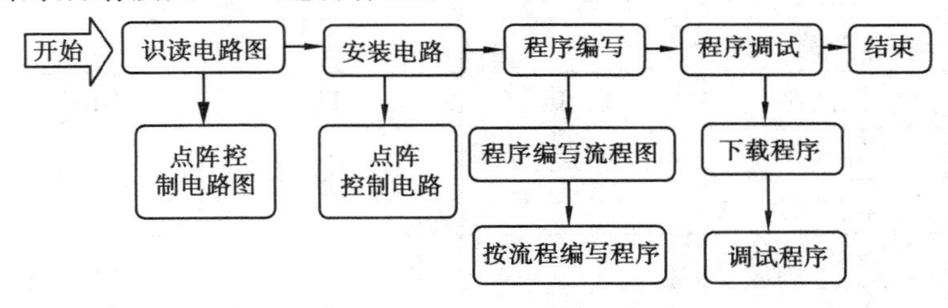

图 5-12 继电器控制作业流程图

五、作业过程

1. 识读电路图

继电器控制电路图如 5-13 所示。

2. 安装一个继电器电路

(1)对器材进行检测。
(2)先根据原理图把元件找到对应的位置,置于表 5-2 中。

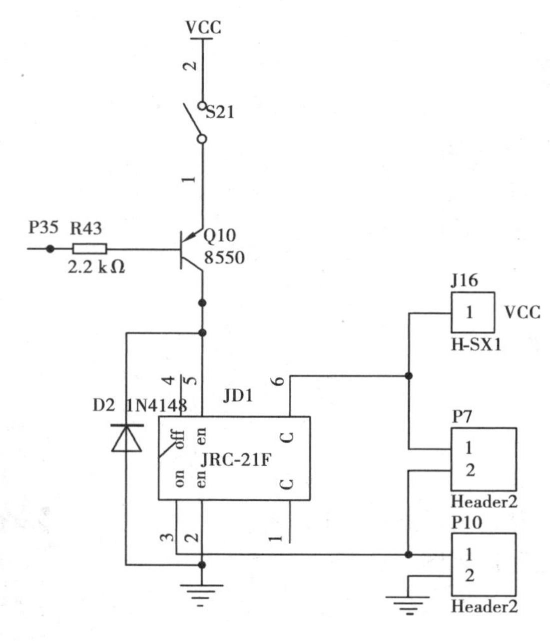

图 5-13 继电器控制电路图

表 5-2 元件安装表

名 称	参 数	数 量	符 号
二极管	IN4148	1 个	D2
电阻	2.2 kΩ	1 只	R43
开关	—	1 个	S21
三极管	8 550	1 只	Q10
继电器	JRC-21F	1 只	JD1
输出端口	—	1 个	P7
输出端口	—	1 个	P10
外接电源	—	1 个	J16

(3)按电路图进行安装、焊接,继电器 2 完成后如图 5-14 所示,两个继电器安装完成如图 5-15 所示。

图 5-14 继电器安装效果图

图 5-15 两个继电器安装完成图

3. **编写控制程序**

(1)由于使用的是继电器的常闭端口来控制交通灯,按如下流程执行程序,如图5-16所示。

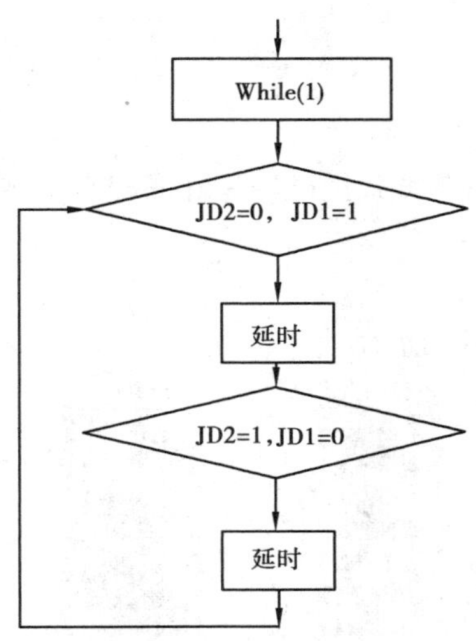

图5-16 两个继电器控制流程图

(2)源程序

```
#include <reg51.h>
sbit JD2 = P3^4;                    //定义继电器2引脚
sbit JD1 = P3^5;                    //定义继电器1引脚
void delay(unsigned int time);      //声明延时子函数
void main(void)
{
  while(1)
    {
      JD2 = 0;                      //开启继电器2
      JD1 = 1;                      //关闭继电器1
      delay(50000);                 // 延时函数调用
      JD2 = 1;                      //关闭继电器2
      JD1 = 0;                      //开启继电器1
      delay(20000);                 //延时函数调用
    }
}
```

```
void delay(unsigned int time)
{
  while(time--);
}
```

延时子函数程序

4. **程序调试**

(1)下载程序

使用 USB 或者 RS232 下载方式把已经写好的程序下载到芯片中进行调试。具体操作步骤请参考项目一任务 4。

(2)调试程序

程序正常后效果如图 5-17 所示。

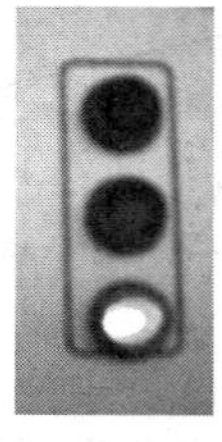

(a)绿灯亮

(b)红灯亮

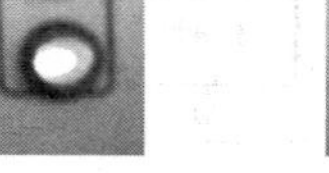

图 5-17　交通灯红绿灯亮图

在这个任务中我们安装了继电器控制电路,学会了编写两个继电器的控制程序,并成功地进行了交通灯控制。

如果多个继电器进行不同控制又应该怎么编写程序?

用其他方式进行继电器时间控制。

自评

项目内容	完成要求	分配分值	完成情况	自评分值
焊接基本电路	元件对应位置安装	20 分		
	元件高度一致	10 分		
	元件水平安装水平	10 分		
	元件垂直安装垂直	10 分		
编写程序	程序结构正确	10 分		
	源程序正确	20 分		
	调试程序正确	20 分		

(1)函数概述

C 程序由函数组成的,对于规模较大,比较复杂的的问题,人们常采用模块化设计方法,即将一个较大的程序按功能划分成若干个程序模块,每一个模块用来实现一个特定的功能。在 C 语言中,函数就是实现模块化程序设计的工具。C 语言中的函数相当于其他高级语言中的子程序和过程。C 语言系统本身提供了极为丰富的库函数,还允许用户建立自定义函数。用户可把自己程序写成一个一个相对独立的函数,然后在需要用到它的地方来调用它。C 语言可谓是函数的集合。

由于采用了函数结构的写法,C 语言的程序代码结构清晰,同时有利于程序的编写阅读和维护。

(2)函数调用的一般形式

C 语言中,函数调用的一般形式为:

函数名(实际参数表)

如果是无参函数,那就不存在以上的"实际参数表"。如果是有参函数,那么实际参数表中的参数可以是常数,变量或其他构造类型数据及表达式,各参数之间用逗号分开。

(3)函数调用的方式

函数定义好以后,要被其他函数调用了才能被执行。C 语言的函数是可以相互调用的,但在调用函数前,必须对函数的类型进行说明,就算是标准库函数也不例外。标准库函数的说明按功能不同分别写在不同的头文件中,使用时在文件最前面用 #include预处理语句引入相应的头文件。如前面一直使用的 printf 函数说明就是放在文件名为 stdio. h 的头文件中。调用是指一个函数体中引用另一个已定义的函数来实现所需要的功能,这时函数体称为主调用函数,函数体中所引用的函数称为调用函数。一个函数体中可以调用数个其他的函数,这些被调用的函数同样也可以调用其他函数,也可以嵌套调用。在C51语言中有一个函数是不能被其他函数所调用的,它就是main主函数。

在C语言中,可以用以下几种方式调用函数:

①函数表达式:例如,c = min(a,b)是一个赋值表达式,把函数min的返回值赋予以变量c。

②函数语句:例如,printf("%d",a);即直接写上函数名加上分号。

③函数实参:例如,printf("%d",min(x,y));即将函数作为另一个函数调用时的实际参数。该语句的作用是将min函数的返回值作为printf函数的实参。

思考与练习

1. 编写完整交通灯程序,要求两个方向和红、黄、绿三色灯。
2. 绘制继电器控制交流220 V照片电路图。
3. 编写控制程序。

项目6 步进电机控制

情景创设

步进电机是一种将电脉冲信号转换成相应的角位移或线位移的电磁机械装置，是一种控制用的特种电机，具有快速启动和停止的能力。当负荷不超过步进电机所提供的动态转矩值时，它就可以在一瞬间实现启动和停止。步进电机的步矩角和转速不受电压波动和负载变化的影响，也不受环境条件（如温度、气压、冲击和振动等）的影响，仅与脉冲频率有关。步进电机现在已经被广泛地用于自动控制系统中作为执行元件，是机电一体化的关键产品之一，如图6-1所示。

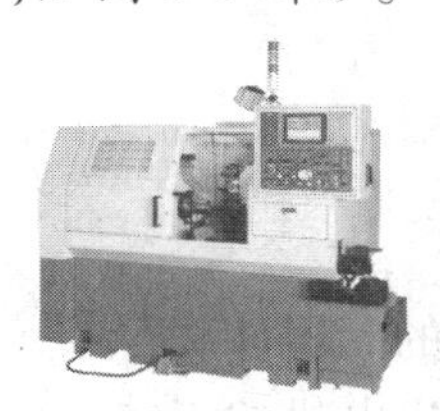

(a)机床应用

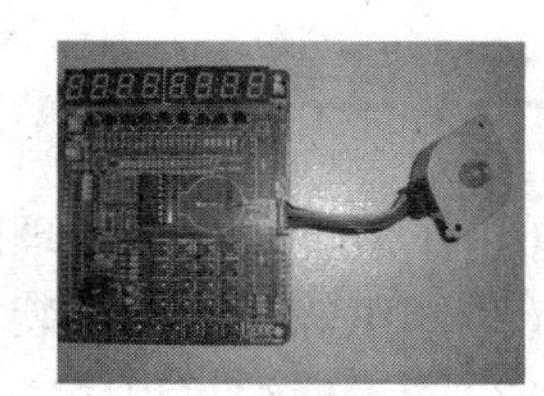

(b)单机片控制

图6-1 步进电机应用

知识目标

掌握步进电机转动原理。

掌握步进电机正反转控制方法。

能力目标

运用按键控制步进电机启动和停止。

编写程序实现步进电机的正反转控制。

任务1　步进电机的正转

一、任务引入

在运动控制系统中，为了实现对机械运动的精确控制，如物料的运送、机械手的定位、打印机、机械阀门控制器等，可以通过电脉冲信号控制步进电机来实现。在这个任务中将学习通过单片机来实现对步进电机的正转控制，如图6-2所示。

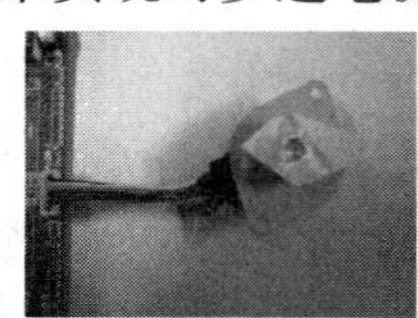
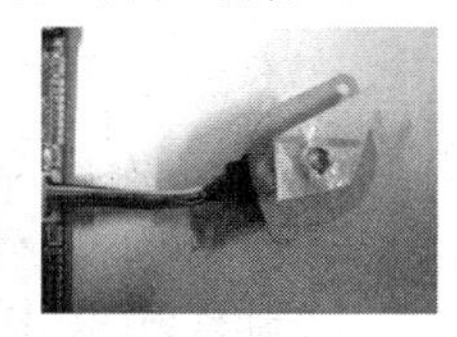

图6-2　步进电机运转效果图

二、任务要求

(1)了解步进电机原理图。
(2)能正确找到并安装相应的元器件。
(3)能正确编写程序实现步进电机的正转。

三、准备工作

1. 器材准备

(1)安装电路板一块。
(2)连接端口、电容等电器元件，如图6-3所示。

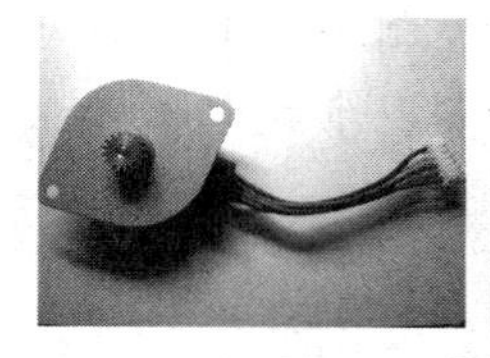

图6-3　器材准备图

(3)步进电机连接原理图。

2. 工具准备

工具一套。

四、作业流程图

作业过程如图 6-4 所示。

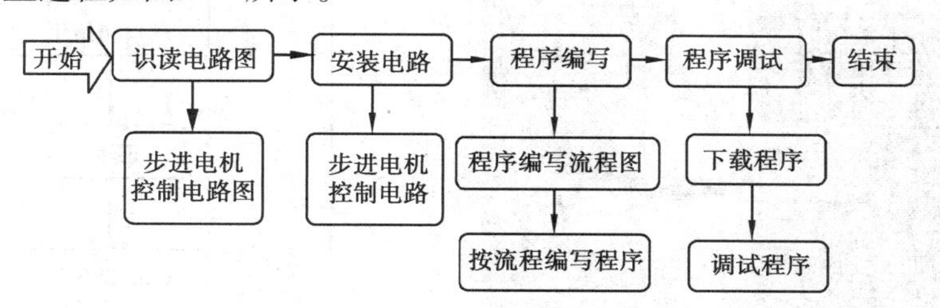

图 6-4　步进电机控制作业流程图

五、作业过程

1. 识读电路图

步进电机电路图如图 6-5 所示。

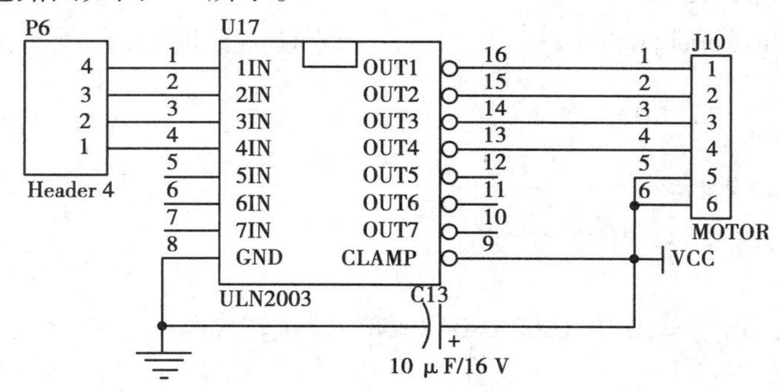

图 6-5　步进电机电路原理图

2. 安装电路

(1)对器材进行检测。

(2)根据原理图找到元件对应的位置,如表 6-1 所示。

表 6-1　元件列表

名　称	参　数	数　量	符　号
连接跳线	Header	1	P6
控制芯片	ULN2003	1	U17
步进电机接口	MOTOR	1	J10
电容	10 μF/16 V	1	C13

(3)按电路图进行安装、焊接,完成后如图 6-6 所示。

图 6-6　焊接实物图

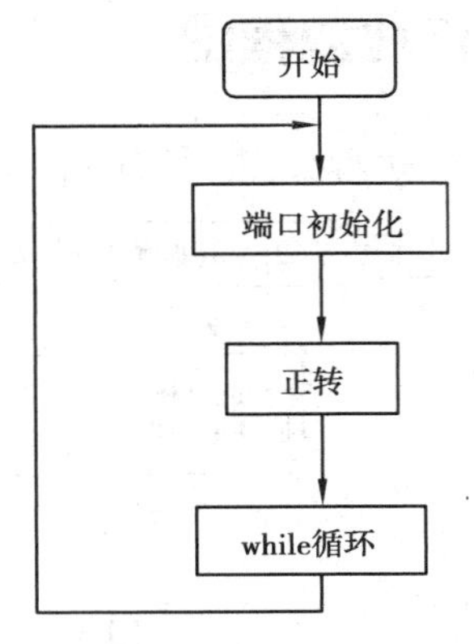

图 6-7　步进电机正转流程图

3. **编写控制程序**

(1)步进电机正转程序流程图如图 6-7 所示。

(2)源程序代码

```
#include < at89x52. h >
void delay1ms( unsignedint z)                    //1 ms 延时程序,频率为 11.059 2 MHz
{
  unsingedint x,y;
  for( x = z;x >0;x - - )
      for( y =114;y >0;y - - );
}
unsigned int tab[ ] = {0x01,0x02,0x04,0x08};//正转代码
void main( )
{
unsigned char i;
P0 =0x00;                                        //设为 P0 口
while(1)
  {
      for( i =0;i <4;i + + )
      {
      P0 = tab[ i];
      delay1ms(1000);
      }
  }
}
```

4. 程序调试

(1)下载程序

将程序下载到单片机中。

(2)调试程序

观察步进电机转动情况。

在这个任务中掌握了步进电机正转的原理,通过程序流程图编写程序,实现了对步进电机的控制。

想一想

如何实现用按键KEY1来控制步进电机启动,用按键KEY2来控制步进电机的停止。

做一做

编写程序实现按键KEY控制步进电机启动,用定时/计数器控制电机正转10 s后自动停止。

自评

项目内容	完成要求	分配分值	完成情况	自评分值
焊接基本电路	元件对应位置安装	20分		
	元件焊接测试	10分		
程序书写	程序流程图	10分		
	程序格式	10分		
	程序编译及创建	20分		
	程序调试与实现	30分		

知识探究

(1)无参函数的定义形式

函数类型　函数名( )

{

声明部分
语句
}

函数类型也表示为函数返回值的类型,无参函数没有返回值,因此函数类型可写成 void。

(2)有参函数的定义形式

函数类型　函数名(形式参数列表)
{
声明部分
语句
}

与无参函数相比,有参函数多了一个形式参数列表,在此表内给出被定义参数的类型,他们可以是各种类型的变量,之间用逗号分隔。在函数调用时,主函数将实际参数的值依次传递给形式参数。此时的形式参数才在内存里分得空间,使用完后又自动将空间释放。如在项目三中蜂鸣器发声时所用到的 1 ms 的延时函数。

```
#include <at89x52. h>
sbit speaker = P3^3;                     //位定义
void delay1 ms(unsigned int z)           //1 ms 延时程序
    {
      unsingedint x,y;
      for(x = z;x >0;x - - )             //用 KELL 软件可以调试出延时 1 ms 的程序,
        for(y = 114;y >0;y - - );        //该程序调试的频率为 11.059 2 MHz。
      }
void main(void)
    {
      while(1)                           //无限循环
        {
              speaker = 1;               //高电平停止发声
              delay1ms (50);             //延时 50 ms
              speaker = 0;               //低电平发出声音
              delay1ms (50);             //延时 50 ms
        }
    }
```

任务2　步进电机的正反转

一、任务引入

在上一个任务中我们掌握了步进电机的工作原理，了解了控制步进电机正转的方法。生产生活中往往需要控制电机的正反转来实现定位和操作。在今天的任务中将一起学习对步进电机实现正反转控制的方法。

二、任务要求

(1)通过了解步进电机运转原理编写控制电机正反转程序。
(2)通过两个按键实现正转与反转的控制。
(3)编写程序控制步进电机启动、停止、正转和反转。

三、作业流程图

完成电动正反转按流程6.8所示。

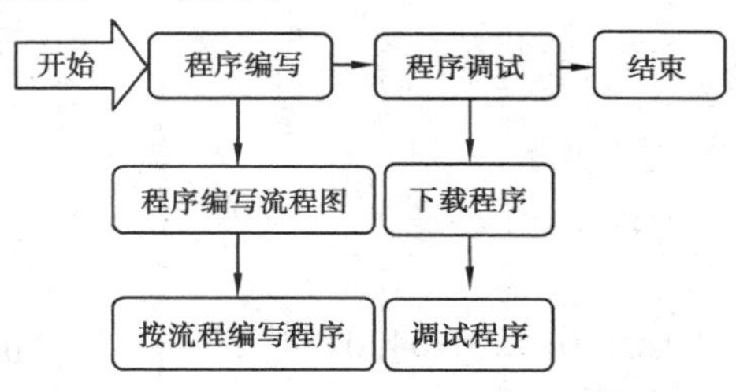

图6-8　步进电机正反转作业流程图

四、作业过程

1. 编写控制程序

(1)步进电机正反转程序流程图如图6-9所示。
(2)源程序代码。

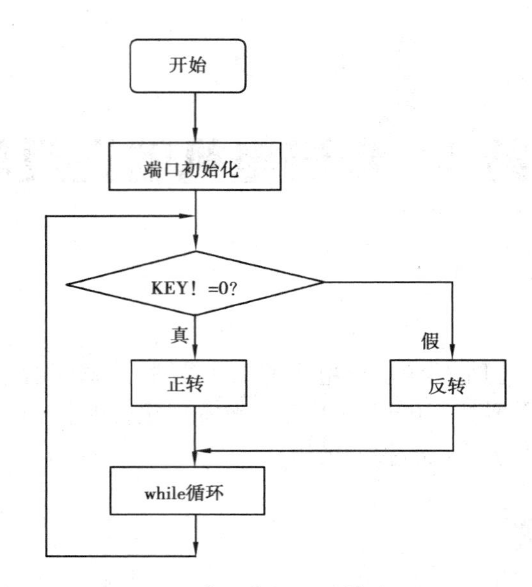

图 6-9　步进电机正反转流程图

```
/*
当没有按下 S2 时步进电机正转,否则反转。
*/
#include <at89x52.h>
void delay1ms(unsignedint z)                        //1 ms 延时程序,频率为
                                                    //11.059 2 MHz
{
  unsingedint x,y;
  for(x = z;x >0;x - - )
      for(y =114;y >0;y - - );
}
unsigned int tab[ ] = {0x01,0x02,0x04,0x08};          //正转代码
unsigned int tab1[ ] = {0x01,0x02,0x04,0x08};         //反转代码
sbit key = P0^0;
void main( )
{
unsigned char i;
key =1;
P0 =0x00;                                           //设为 P0 口
while(1)
    {
    if(key = =1)                                    //正转
```

```
        {
            for(i=0;i<4;i++)
            {
            P0=tab[i];
            delay1ms(1000);
            if(key==0)break;
            }
        }
    else                                          //反转
        {
for(i=0;i<4;i++)
            {
        P0=tab1[i];
        delay1ms(1000);
        if(key==1)break;
            }
        }
    }
}
```

2.程序调试

(1)下载程序。

把程序下载到芯片中。

(2)调试程序。

操作观察电机转动是否正常。

在这个任务中,我们学会了通过按键来控制步进电机的正转和反转。

如何用两个外部中断分别控制步进电机的正转和反转。

分别使用三个按键分别控制步进电机的正转、反转和停止。

自评

项目内容	完成要求	分配分值	完成情况	自评分值
程序书写	程序流程图	15 分		
	程序格式	15 分		
	程序编译及创建	30 分		
	程序调试与实现	40 分		

在前面的学习中,我们使用了很多的变量,也知道了在使用变量之前必须先定义才能够使用。有的变量定义在函数体里面,而有的变量却定义在函数的外面,它们的区别就在于作用域不同。因此,在C语言中如果按照作用域来分变量可以分为局部变量和全局变量。

(1)局部变量

在一个函数体内部定义的变量称为局部变量,它的使用范围就仅限于在这个变量定义处开始的这个函数内有效,在其他函数内不能使用这个变量。main()函数内定义的m和n为局部变量,就只有在主函数中有效。

(2)全局变量

全局变量有时也称为外部变量,也就是说它是定义在函数外部的变量。它不属于哪一个函数,而是属于整个程序的变量,它的使用范围从定义的位置开始在整个程序中有效。如项目三中任务5的按键外部中断控制程序中的变量temp,它就是一个全局变量,在整个程序中都能使用。

值得注意的是,如果在同一个源文件中,全局变量和局部变量同名时,在局部变量的作用范围内,全局变量会不起作用。

思考与练习

1. 步进电机是通过__________脉冲信号来实现控制的。
2. 在函数定义中,有参函数的形式参数与实际参数有何区别?
3. 分析下列程序并回答问题。

```
#include <at89x52.h>
sbit speaker = P3^3;
void delay1ms(unsigned int z)
```

```
    {
      unsingedint x,y;
      for(x = z;x >0;x - - )
           for(y =114;y >0;y - - );
    }

void main(void)
    {
    unsigned char n =200;
    while(1)
       {
            speaker =1;
            delay1ms (n);
            speaker =0;
            delay1ms (n);
       }
    }
```

在上述程序中,__________函数是有参函数,其中实际参数是__________,形式参数是__________。

4. 定义在函数体内的变量称为__________变量。

5. 如何区分定义在源程序中的全局变量和局部变量?

6. 分析下列程序并回答问题。

```
#include <at89x52. h >
unsigned int a =3,b =5;
max(unsigned a,unsigned b)
      {
      unsigned c;
      if(a >b)
      c =a;
      else
      c =b;
      return(c);
      }
void main()
      {
      int a =8;
      max(a,b);
```

```
    if(a>5)P1=0x00;
}
```

在上述程序中,全局变量有__________;局部变量有__________;形式参数为__________;实际参数为__________。

项目7 汉字点阵显示

情景创设

在日常生活中到处都可以看到各种文字或图形显示、各种智能化仪表、公交车上滚动显示的文字等，其实它是单片机的一些简单应用，如图7-1所示。

(a)路边显示牌

(b)某公司广告牌

(c)实验板点阵图

图7-1　数码管显示效果图

那么什么是点阵？点阵显示的原理是什么？我们怎么用单片机来控制点阵？下面我们就对单片机怎样来控制点阵显示的知识进行学习。

知识目标

知道点阵的显示原理。

知道点阵显示图形的原理。

知道点阵显示文字的原理。

能力目标

会算8×8点阵的显示代码。

会使用点阵显示图形。

会使用点阵显示汉字。

任务1　点亮点阵每一个点

一、任务引入

点阵显示在现实中用的非常多,有的能显示几个汉字,有的能显示简单的图形,而今天的第一个任务是点亮点阵每一个点并让其发光。点阵中的第一点发光的效果如图7-2所示。

图7-2　点阵第一点发光效果图

二、任务要求

(1)正确识读原理图。
(2)正确安装电路。
(3)正确编写程序。
(4)让点阵每一个点发光。

三、准备工作

1. 器材准备

(1)上一任务电路板一块,如图7-3所示。

图 7-3　上一任务电路板

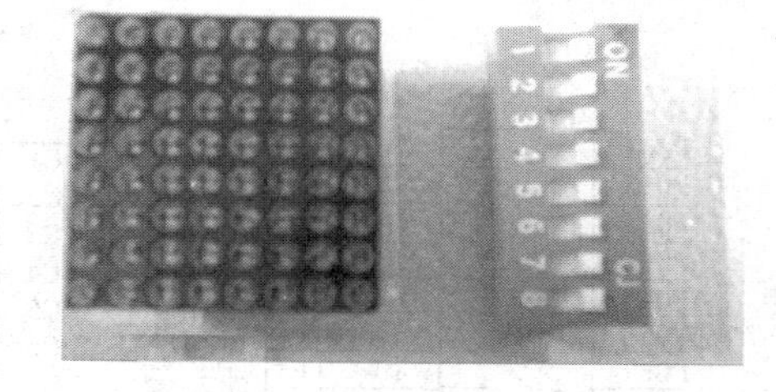

图 7-4　一个点阵显示电路器材图

(2)点亮点阵每一个点的器材,如图 7-4 所示。

2. **工具准备**

安装工具一套。

四、作业流程图

器材准备好后请按图 7-5 进行作业。

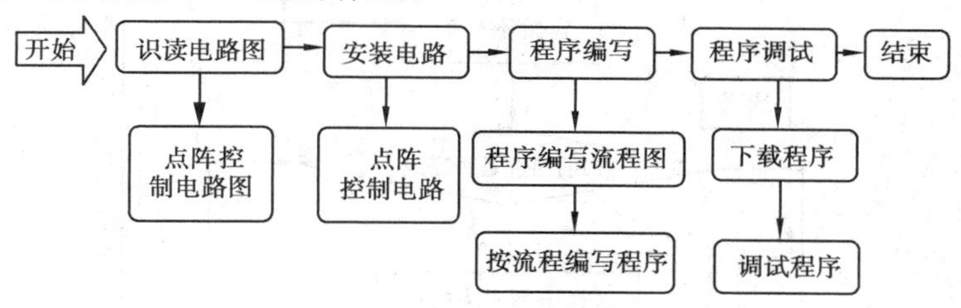

图 7-5　点亮点阵每一个点作业流程图

五、作业过程

1. **识读电路图**

点亮点阵每一个点原理图如图 7-6 所示。

2. **安装点阵电路**

(1)对器材进行检测。

(2)先根据原理图把元件找到对应的位置,置于表 7-1 中。

表 7-1　元件安装表

元件名称	元件参数	元件数量
点阵	Cpm7088br	1 个
指拨开关	8 位	1 个

(3)按电路图进行安装、焊接,完成后如图 7-7 所示。

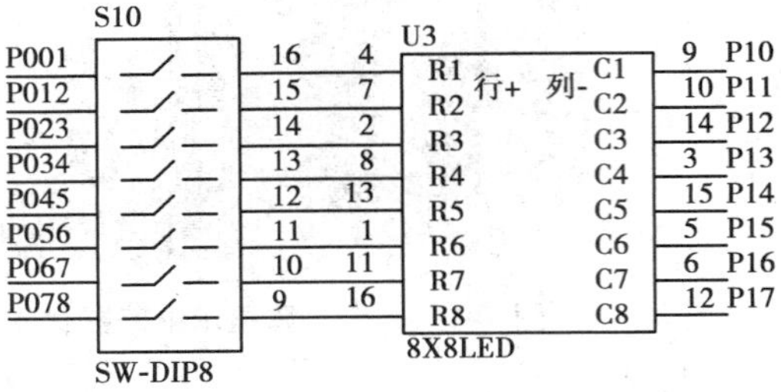

图 7-6　点亮点阵每一个点电路原理图

图 7-7　元件安装完成效果图

3. **编写控制程序**

(1)点亮点阵每一个点的流程如图 7-8 所示。

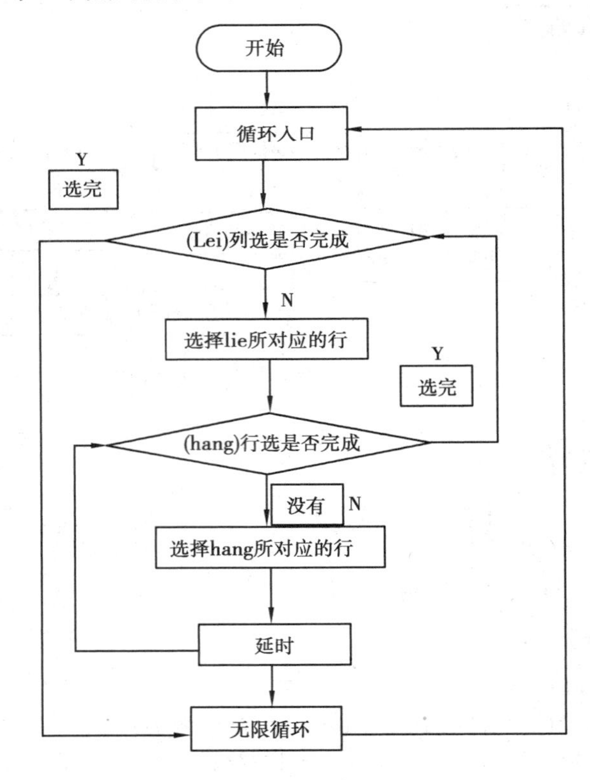

图 7-8　流程图

(2)源程序

/＊点阵实验一,让点阵的每一个点分别点亮＊/

/＊＊＊＊＊＊＊＊声明区＊＊＊＊＊＊＊＊＊＊＊＊＊＊＊＊＊＊＊＊＊＊＊/

```
#include <reg51.h>                          //定义8051寄存器的头文件
/***********延时子函数**********/
void delay(void)
{
  unsigned int i=50000;
  while(--i);
}
/*********主函数**********************/
void main(void)
{
  unsigned char hang,lie;
  while(1)
{
  for(lie=0;lie<8;lie++)                    //选择列
  {
        P1 = ~(0x01<<lie);                  //从左向右选择列
        for(hang=0;hang<8;hang++)           //选择行
          {
            P0 = (0x01<<hang);              //从上到下选择行
            delay();                        //点亮一点后延时
          }
  }
}
}
```

4. **程序调试**

(1)下载程序

将程序下载到芯片中。

(2)调试程序

程序正常后效果如图7-9所示。

在这个任务中安装了一个8×8的点阵,学会了设置端口的低电平来选择点阵的列管,用端口的高电平来点亮点阵中的某一个点,知道点阵的结构和显示原理。

图7-9　程序效果图

能不能先选择行，后选择列让点阵每个点都点亮呢？

编程完成后，控制点阵的显示，看看有什么效果。

自评

项目内容	完成要求	分配分值	完成情况	自评分值
焊接基本电路	元件对应位置安装	20 分		
	元件高度一致	10 分		
	元件水平安装水平	10 分		
	元件垂直安装垂直	10 分		
编写程序	程序结构正确	10 分		
	源程序正确	20 分		
	调试程序正确	20 分		

知识探究

1. 8×8 点阵显示电路原理

点阵的示意图如图 7-10 所示。

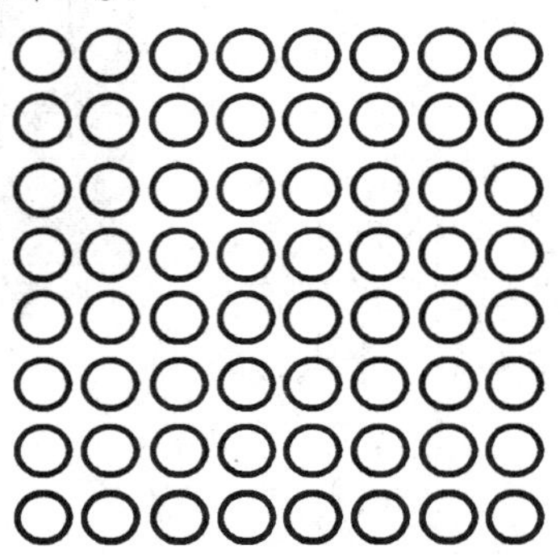

图 7-10　点阵的示意图

8×8点阵内部原理如图7-11所示。

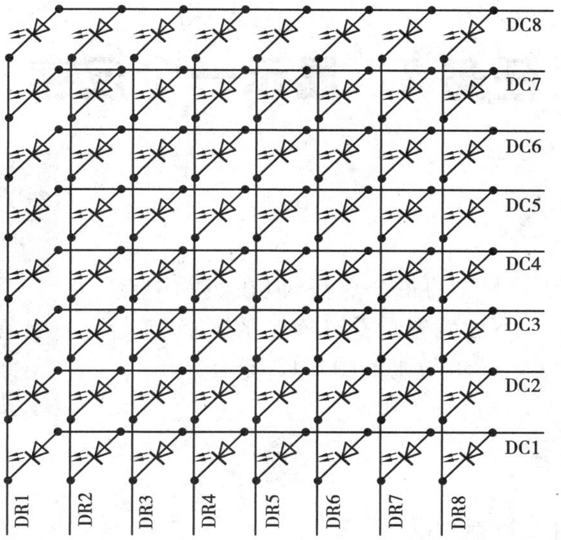

DC8
DC7
DC6
DC5
DC4
DC3
DC2
DC1
DR1 DR2 DR3 DR4 DR5 DR6 DR7 DR8

图7-11 8×8内部原理

2.8×8点阵LED的工作原理

只要其对应的列与行顺向偏压,即可使LED发亮。例如,如果想使左上角LED点亮,则Y0=1,X0=0即可。应用时限流电阻可以放在X轴或Y轴。当我们让每一点按要求分别亮或灭时,点阵就可以显示出图形或文字了。

3.点阵LED扫描法介绍

LED一般采用扫描式显示,实际运用分为三种方式:

(1)点扫描,让点阵上的点按顺序一个接一个的点亮。

(2)行扫描,先选择某一行,而后在列上送字模数据让点阵一行的点按要求亮或灭,就这样一行接一行的进行控制。

(3)列扫描,先选择某一列,而后在行上送字模数据让点阵一列的点按要求亮或灭,就这样一列接一列的进行控制。

注意扫描的间隔,主要是改变延时的长短让显示的频率大于100 Hz即可。此外一次驱动一列或一行(8颗LED)时需外加驱动电路提高电流,否则LED亮度会不足。

任务2　显示一个汉字

一、任务引入

前一个任务实现了点阵的每个点亮，但在实际中点阵常常用来显示汉字。下面就先看看点阵显示汉字“王”的效果，点阵显示汉字“王”的效果如图7-12所示。

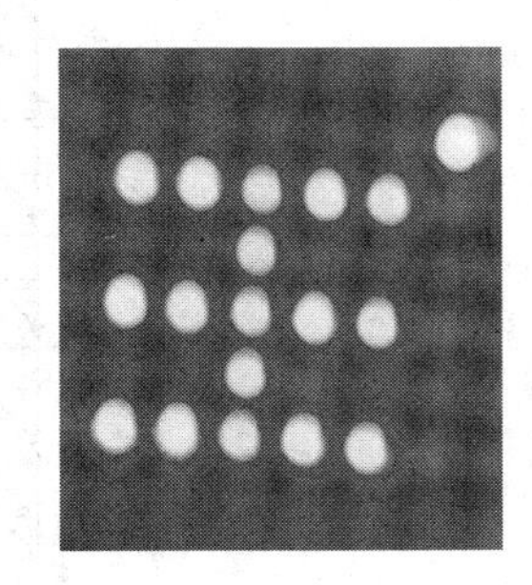

图7-12　点阵显示汉字“王”的效果图

二、任务要求

正确编写程序让点阵显示汉字“王”。

三、准备工作

已经完成的点阵电路板一块。

四、作业流程图

器材准备好后请按图7-13进行作业：

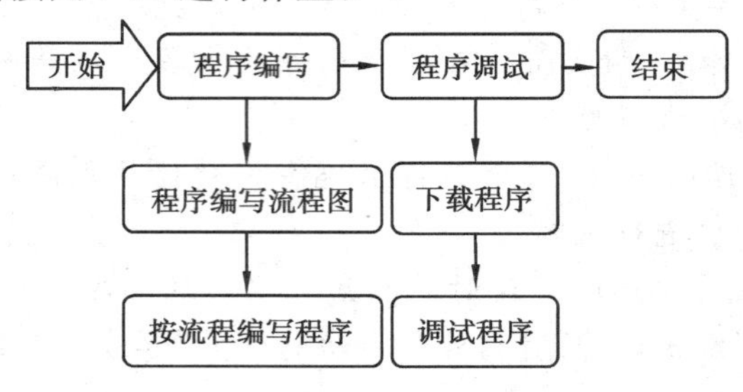

图7-13　点阵显示汉字“王”的作业流程图

五、作业过程

1. 编写控制程序

(1)点阵显示汉字“王”的流程如图7-14所示。

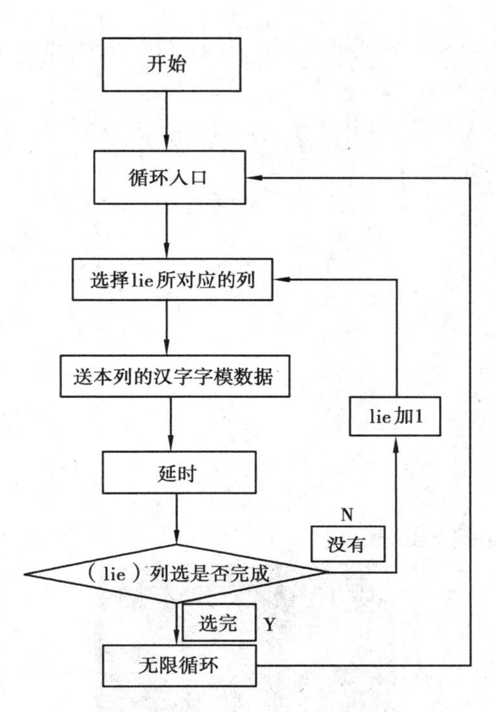

图 7-14 流程图

(2)源程序

```
/＊点阵实验二,让点阵显示汉字"王"＊/
/＊＊＊＊＊＊＊＊声明区＊＊＊＊＊＊＊＊＊＊＊＊＊＊＊＊＊＊＊＊＊＊＊＊＊＊＊＊＊/
#include <reg51.h>                      //定义8051寄存器的头文件
unsigned char code tab[8] = {0x00,0x54,0x54,0x7c,0x54,0x54,0x02,0x00/＊"
王",0＊/};
                                        //声明汉字"王"的字模数据
/＊＊＊＊＊＊＊＊＊＊＊延时子函数＊＊＊＊＊＊＊＊＊＊/
void delay(void)
{
  unsigned int i =50;
  while(--i);
}
/＊＊＊＊＊＊＊＊＊主函数＊＊＊＊＊＊＊＊＊＊＊＊＊＊＊＊＊＊＊＊＊＊＊/
void main(void)
{
  unsigned char lie;                    //声明lie两个变量
  while(1)
```

```
    {
        for(lie =0;lie <8;lie + + )     //从左到右选择列
        {
            P1 = ~(0x01 <<lie);         //送本列所对应的行数据
            P0 =tab[lie];
            delay();                    //延时
        }
    }
}
```

2. **程序调试**

(1)下载程序

将程序下载到芯片中。

(2)调试程序

程序正常后效果如图 7-15 所示。

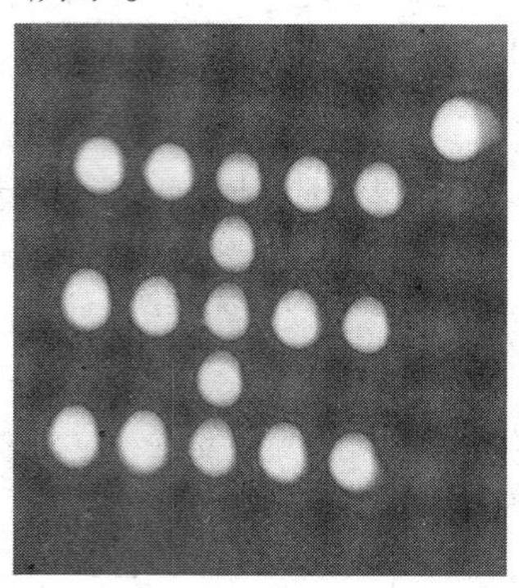

图 7-15　程序效果图

在这个任务中我们用点阵显示了一个汉字“王”,了解了怎样算汉字的字模数据。

能不能先选择行,后选择列让点阵显示汉字“王”呢?

编程完成后,控制点阵的显示,看看有什么效果。

自评

项目内容	完成要求	分配分值	完成情况	自评分值
焊接基本电路	元件对应位置安装	20 分		
	元件高度一致	10 分		
	元件水平安装水平	10 分		
	元件垂直安装垂直	10 分		
编写程序	程序结构正确	10 分		
	源程序正确	20 分		
	调试程序正确	20 分		

8×8 点阵汉字算字模数据

如要显示“王”字，它在点阵上的分布应如图 7-16 所示。

点阵上对应的黑点表示要亮的点，由电路图知列为低电平有效，行为高电平有效。行从高到低算数据因第二列对应的行数据应01000000，换为十六进制为0x40。又由于我们采用的是列扫描，因而我们就按列从低到高，行从高到低算数据。那么数据为 0x00，0x40，0x3c，0x10，0x3c，0x10，0x3c，0x00。

行低位 行高位 列低位 列高位

图 7-16 王字在点阵上的分布

任务 3 显示汉字“三二一”

一、任务引入

在前一个任务实现了点阵显示一个汉字，但在实际中点阵常常需要显示多个汉字。下面我们就先看看点阵显示汉字“三二一”的效果，点阵显示汉字“三二一”的效果如图 7-17 所示。

图 7-17　点阵显示汉字“三二一”的效果图

二、任务要求

正确编写程序让点阵显示汉字“三二一”。

三、准备工作

已经完成的点阵电路板一块。

四、作业流程图

器材准备好后请按图 7-18 进行作业：

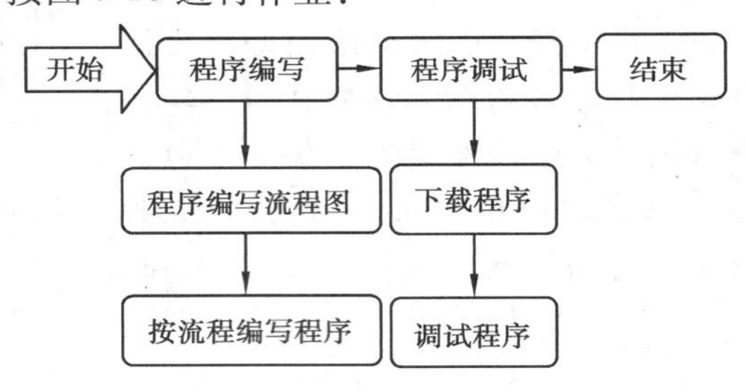

图 7-18　点阵显示汉字“三二一”的作业流程图

五、作业过程

1. 编写控制程序

(1)点阵显示汉字“王”的流程如图 7-19 所示。

(2)源程序

```
/*点阵实验三,让点阵分时显示汉字“三”、“二”、“一”*/
/*****************声明区*****************/
#include <reg51.h>                    //定义 8051 寄存器的头文件
unsigned char code tab[][8] = {{0xFF,0xBF,0xAB,0xAB,0xAB,0xAB,0xBD,
```

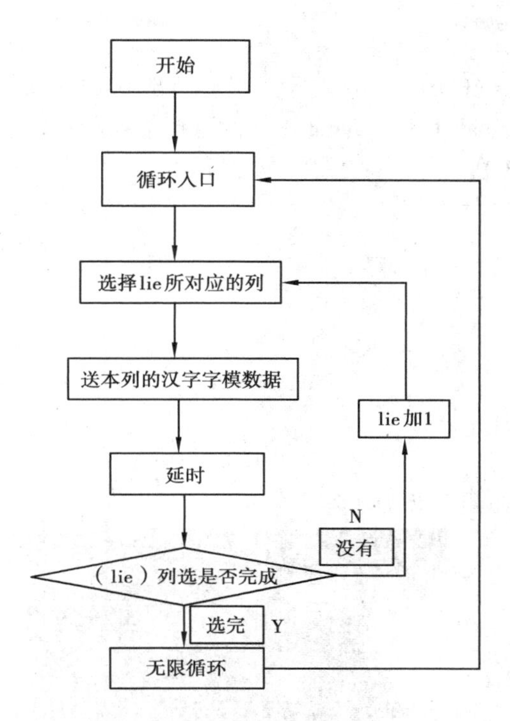

图7-19　流程图

```
0xFF},/*"三",0*/
    {0xFF,0xBF,0xBB,0xBB,0xBB,0xBB,0xBF,0xFF},/*"二",1*/
    {0xFF,0xF7,0xF7,0xF7,0xF7,0xF7,0xF7,0xFF},/*"一",2*/
    };                              //声明汉字"三"、"二"、"一"的字模数据
    /***************延时子函数**************/
    void delay(void)
    {
      unsigned int i=50;
      while(--i);
    }
    /void main(void)
    /*********主函数****************/
    {
      unsigned char hang,lie,zhi;          //声明 hang,lie,zhi 三个变量
      while(1)
      {
          for(zhi=0;zhi<3;zhi++)          //选择第几个字用 zhi 变量来控制
          {
            for(lie=0;lie<8;lie++)
```

```
            {
              P1 = ~(0x01 << lie);          //从左到右选择列
              P0 = ~tab[zhi][hang];         //送择本列所对应的行数据
              delay();                      //延时
            }
        }
    }
```

2. 程序调试

(1) 下载程序

将程序下载到芯片中。

(2)调试程序

程序正常后效果如图 7-20 所示。

图 7-20　程序效果图

在这个任务中用点阵分时显示了三个汉字“三二一”，了解了怎么用一个点阵显示多个汉字。

能不能用点阵显示数字呢？

编程完成后，控制点阵的显示，看看有什么效果。

自评

项目内容	完成要求	分配分值	完成情况	自评分值
编写程序	程序结构正确	20 分		
	源程序正确	40 分		
	调试程序正确	40 分		

思考与练习

1. 请写出 8×8 点阵列点扫描工作过程。
2. 请写出 8×8 点阵列行扫描工作过程。

参考文献

[1] 徐玮,徐富军,沈建良. C51 单片机高效入门[M]. 北京:机械工业出版社,2006.
[2] 李广第. 单片机技术[M]. 北京:中央广播电视大学出版社,2006.
[3] 周兴华. 手把手教你学单片机 C 程序设计[M]. 北京: 北京航空航天大学出版社,2008.
[4] 赵亮,侯国锐. 单片机 C 语言编程与实例[M]. 北京:人民邮电出版社,2003.
[5] 谭浩强. C 程序设计[M]. 3 版. 北京: 清华大学出版社,2005.
[6] 马忠梅,等. 单片机的 C 语言应用程序设计[M]. 北京:北京航空航天大学出版社,1999.
[7] 周坚. 单片机 C 语言轻松入门[M]. 北京:北京航空航天大学出版社,2006.
[8] 朱永金,成友才. 单片机应用技术[M]. 北京:中国劳动社会保障出版社,2007.
[9] 侯玉宝,陈忠平,李成群. 基于 PROTEUS 的 51 系列单片机设计与仿真[M]. 北京:电子工业出版社,2008.
[10] 刘鲲,孙春亮. 单片机 C 语言入门[M]. 北京:人民邮电出版社,2008.
[11] 求是科技. 8051 系列单片机 C 程序设计完全手册[M]. 北京:人民邮电出版社,2006.
[12] 张义和,王敏男,许宏昌,等. 例说 51 单片机[M]. 北京:人民邮电出版社,2008.